改訂版

物理学実験—基礎編—

東京理科大学理学部第二部物理学教室 編

内田老鶴圃

本書の全部あるいは一部を断わりなく転載または
複写(コピー)することは,著作権および出版権の
侵害となる場合がありますのでご注意下さい.

はしがき

　本書は既刊の物理学実験「入門編」に続き，理工系学生がより専門的な実験を学ぶための基礎に重きを置き編集したものである．「入門編」の図表示による定性的解釈に，測定データの精度およびその誤差の処理法を加え，測定データの定量的な解釈ができるように編集した．

　本書は東京理科大学理学部第二部物理学科の2年生を対象にし，「入門編」の力学および電磁気学の基礎に関する課題に続き，より精度を必要とする力学・電磁気学実験とともに，連続体・熱・光学等の基礎課題を挙げ，さらに実験技術として必要と思われる基本的な電気回路を加えた．これにより，次刊の「応用編」における詳細な実験に対応できる，測定の基礎技術と測定データの処理法を習得することを目標にした．記述に際しては，本実験課題を経験することで，将来，教員を目指す他学科の学生にも役立つように，それぞれの実験課題については，実験手順や測定値の扱いなどを詳細に解説し，数式のトレースも具体的に記述した．また，該当する実験に関係した科学者の名前や活躍した時代などを参考にあげ科学史の一面をもたせた．

　執筆編集に際しては，これまで永年にわたって本学科で物理学実験を担当し，学生を直接指導してきた教員が分担し，できあがった草稿を互いに繰り返し精読修正した．とはいえ，まだまだ不備な点や誤りも少なくないことと思う．大方のご指導ご叱正をお願いする次第である．

　なお，追試実験や原稿のチェックのために多大の協力をいとわなかった東京理科大学理学部第二部物理学科4年次生の橋本慎一君，斎藤達也君，境敏志君，真田武君，塩畑秀和君，永田武君，西川浩平君，本田功一君にお礼申し上げる．最後に，本書を上梓するにあたって，助力を惜しまれなかった株式会社

内田老鶴圃の内田学社長に執筆者一同感謝申し上げる．

2009 年 3 月

東京理科大学理学部第二部物理学教室
物理学実験担当者一同

改訂版はしがき

　初版の刊行から 10 年以上が経つ．その間，実験装置の改良やそれに伴う実験手順の変更などが生じたため，初版の内容を全面的に見直し，改訂版を刊行する運びとなった．見直しの中には誤植の修正はもちろんのこと，目的，原理，実験といった項目および物理量の表記法の見直し，ならびに物理定数の更新なども含まれる．

　なお，改訂作業にあたり，常に叱咤激励してくださった株式会社内田老鶴圃の内田学社長に執筆者一同心から感謝する次第である．

2021 年 3 月

東京理科大学理学部第二部物理学教室
物理学実験担当者一同

目　　次

はしがき……………………………………………………………………i
改訂版はしがき……………………………………………………………ii

量と単位
不確かさとその処理法
 1 誤差曲線……………………………………………………4
 2 標準偏差……………………………………………………6
 3 最確値と不確かさ…………………………………………7
 4 不確かさの伝播……………………………………………9
 5 間接測定における最小二乗法……………………………10

物理学実験―基礎編―
 1 ボルダの振り子……………………………………………17
 2 針金のヤング率（サールの方法）………………………25
 3 たわみによるヤング率の測定（ユーイングの方法）…31
 4 剛性率の測定………………………………………………41
 5 クントの実験………………………………………………51
 6 液体の粘性係数……………………………………………57
 7 液体の表面張力……………………………………………65
 8 固体の比熱…………………………………………………73
 9 電流による熱の仕事当量…………………………………77
 10 熱電対の基礎的性質………………………………………85

- 11 簡易分光計製作と水素原子スペクトル観察……………………………… 93
- 12 光電効果………………………………………………………………… 101
- 13 ガラスの屈折率と分散………………………………………………… 109
- 14 等電位線と電気力線…………………………………………………… 121
- 15 磁力線と磁場ベクトル………………………………………………… 127
- 16 電位差計………………………………………………………………… 133
- 17 オシロスコープ………………………………………………………… 141
- 18 ダイオードとトランジスタの特性…………………………………… 147
- 19 パソコンによるデータ解析(ヤング率測定データの解析)………… 155

索　　引………………………………………………………………………… 163

量と単位
不確かさとその処理法

量と単位

　物理量は，一般に数字と単位の積として表される．したがって，単位は数式の一部と思ってよい．数字は「単位」に対する「物理量」の比を表す．

　また物理量は，異なる単位を用いて表すことが可能であり，もちろんその場合，数字も異なる値となる．したがって，どのような単位を用いたかは極めて重要である．その一方で，物理法則はどんな単位系を用いても同様に成り立たなければならない．実用上は，国際的に合意され，明確であり，使いやすい単位系を使うべきである．そのためにSI単位系が定義されている．

　表記の際には，物理量を表す記号はイタリック体（斜体）で，単位はローマン体（立体）で書かれるのが普通である．数値と単位の間には空白を入れる．ただし，度（°），分（′），秒（″）は例外で，空白は入れない．単位を括弧に入れるのは望ましくない．たとえば

$$m = 1.23 \, \text{kg}$$
$$e = 1.602\,176\,634 \times 10^{-19} \, \text{C}$$
$$\theta = 59°12′03″$$

などと書く．

参考文献

「国際単位系（SI）」国際文書第8版（2006）　訳・監修（独）産業技術総合研究所　計量標準総合センター（原書：Le Système international d' unités （SI） — 8ᵉ édition — 2006, フランス　セーブル　F-92312, パビヨン　ド　ブルトイユ　国際度量衡局編）

https://unit.aist.go.jp/nmij/library/units/si/R8/SI8J.pdf

不確かさとその処理法

　物理量の真値（または真の値：true value）は，どんなに優れた測定技術を用いて時間をかけても，完全には求められるものではない．物理量の測定では，真値の代わりに最も確からしい値（最確値）を求めるのが普通である．

　測定値は常に曖昧さを持っている．曖昧さの程度を表す量を不確かさと呼ぶ．この不確かさはガウスの誤差論に出てくる誤差とは異なる量であるので注意されたい．誤差とは，測定などで得られた値と真値との差である．真値は決して求められない量であるから，誤差も正確に求めることはできない．しかし，ガウスの誤差論を用いて最確値と不確かさを推定することができる．ここでは最確値をどのように決めるか，また，それに付随する不確かさをどう評価するかについて学ぶ．

1. 誤差曲線（error curve）

　最初にガウス[*1]の誤差論を概観する．測定値から真値を引いた差を誤差（error）と呼び，以下これを x で表す．

　ある物理量を測定する場合，同じ測定条件で測定を多数回繰り返して測定値を得たとき，測定結果に現れる誤差の分布については，次の4つの原理が成り立っている．

　　a. 小さい誤差が起きる確率は，大きい誤差が起きる確率より大きい．
　　b. 絶対値が等しく，符号が正と負の誤差が起きる確率は等しい．
　　c. ある限界値以上の誤差が起きる確率は，限りなく小さくなる．
　　d. すべての測定は独立である．

[*1] Carl Friedrich Gauss（1777-1855）

ガウスは，これらの原理を満たす誤差の確率関数 $f(x)$ として，次式を求めた．

$$f(x) = \frac{h}{\sqrt{\pi}} e^{-h^2 x^2} \qquad (1)$$

ここで，h は精度定数（precision constant）と呼ばれる．（1）式の右辺の定数項 $h/\sqrt{\pi}$ は

$$\int_{-\infty}^{\infty} f(x) dx = \frac{h}{\sqrt{\pi}} \int_{-\infty}^{\infty} e^{-h^2 x^2} dx = 1 \qquad (2)$$

を満たすための規格化定数である．誤差が x から $x+dx$ の間にある測定値を得る確率は $f(x)dx$ となる．図1は，2つの異なる h の値について（1）式を描いた曲線で，これらを誤差の確率曲線という．最小の誤差が起きる中央部で確率は最大となり，それより少しはなれると接線の傾きが急激に大きくなって減少する．中央部の高さは

$$f(0) = \frac{h}{\sqrt{\pi}}$$

であり，接線の傾きは

$$\frac{df(x)}{dx} = -\frac{2h^3}{\sqrt{\pi}} x e^{-h^2 x^2}$$

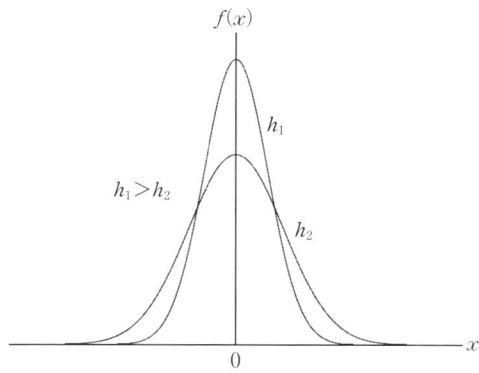

図1 確率曲線（probability function）

に比例するから，h が確率曲線の最大値および傾きを決めていることがわかる．実際の測定で確率分布がどのような関数になるかをあらかじめ確定することはできないが，ガウスは(1)式で近似することを提案した．この場合，h は以下に述べるように標準偏差を使って表すことができる．

2. 標準偏差

ある物理量 M の測定を同じ条件下で n 回独立に行い，得られた測定値を $m_1, m_2, \cdots, m_n$ とし，真値を T とすれば，誤差は

$$x_1 = m_1 - T$$
$$x_2 = m_2 - T$$
$$\cdots$$
$$x_n = m_n - T$$

である．標準偏差は，測定値の分布の広がりを表す．ここでは，それを μ と表すと，

$$\mu^2 = \frac{x_1^2 + x_2^2 + x_3^2 + \cdots + x_n^2}{n} = \frac{\sum x_i^2}{n}$$

または，

$$\mu = \sqrt{\frac{\sum x_i^2}{n}}$$

となる．n を十分大きくとると，この μ と確率関数の精度定数 h との間では，(2)式を使って

$$\mu^2 = \frac{\sum x_i^2}{n} = \int_{-\infty}^{\infty} x^2 f(x) dx = \frac{1}{2h^2}$$

という関係を得る．これから

$$\mu = \frac{1}{\sqrt{2}h} = \sqrt{\frac{\sum x_i^2}{n}} \quad \text{または} \quad h = \sqrt{\frac{n}{2\sum x_i^2}} = \frac{1}{\sqrt{2}\mu}$$

が得られる．確率曲線を $-\mu$ から $+\mu$ の間で積分してその面積を求めると，

$$\frac{2h}{\sqrt{\pi}} \int_0^\mu e^{-(hx)^2} dx = 0.68$$

となる．これより，誤差の 68% が $-\mu$ から $+\mu$ の範囲に含まれていることがわかる．またこの μ は，確率曲線の変曲点，すなわち，2次微係数が0となる x の値，$\pm 1/(\sqrt{2}h)$ となっている．実際の測定では，真値を求めることができないので，このままでは μ を求めることはできない．しかし，いずれかの方法で測定値の μ を求めることができれば，測定値の不確かさを μ として推定したことになる．標準偏差で表した測定値の不確かさを標準不確かさという．

3. 最確値と不確かさ

これまで議論してきた標準偏差 μ では，誤差は測定値 m_i から真値 T を引いた値 $(x_i = m_i - T)$ であるとしてきた．しかし，先に述べたように，実際には真値 T は求められない．したがって，それに代わる最確値を定めなければならない．以下では，その値の導出について述べる．

誤差 x_i が起こる確率を $p_i (i=1,2,\cdots,n)$ とすると，すべての測定が独立であるとすれば，それらの誤差を伴って起きる確率 P は

$$P = p_1 p_2 \cdots p_n = f(x_1)f(x_2)\cdots f(x_n)(dx_1 dx_2 \cdots dx_n)$$
$$= \left(\frac{h}{\pi}\right)^n e^{-h^2 \sum x_i^2}(dx)^n \tag{3}$$

となる．今，最確値を m_0 とする．P を最大にするためには，（3）式の指数にある $\sum x_i^2$ を最小にすればよい．

$$I(m_0) = \sum x_i^2 = (m_1 - m_0)^2 + (m_2 - m_0)^2 + \cdots + (m_n - m_0)^2$$

と置いて，$(dI/dm_0) = 0$ を与える m_0 の値を求めると，

$$m_0 = \frac{m_1 + m_2 + \cdots + m_n}{n}$$

を得る．これは測定値の算術平均値にほかならない．すなわち，真値 T に代わる最確値は，平均値となることを表している．以下，m_0 を平均値という意味で $\overline{m}$ と表す．

測定値から平均値を引いた値は残差と呼ばれ，δ_i で表すと，

$$\delta_i = m_i - \overline{m}$$

である．残差 δ_i は誤差 x_i と近い値になるが，異なる値であるから $\dfrac{\sum \delta_i^2}{n}$ は $\dfrac{\sum x_i^2}{n}$ とは等しくない．実際には

$$\frac{\sum \delta_i^2}{n-1} = \frac{\sum x_i^2}{n} \tag{4}$$

の関係がある．これを示してみよう．

$$x_i = m_i - T = \delta_i + (\overline{m} - T)$$

であるから

$$\sum x_i^2 = \sum \delta_i^2 + 2(\overline{m} - T)\sum \delta_i + n(\overline{m} - T)^2 \tag{5}$$

となる．ここで $\sum \delta_i = 0$ である．また $\overline{m} = \sum m_i/n$ より

$$(\overline{m} - T)^2 = \frac{1}{n^2}[\sum(m_i - T)]^2 = \frac{1}{n^2}\left[\sum x_i^2 + \sum_{i \neq j} x_i x_j\right]$$

となる．n が大きいと $\sum_{i \neq j} x_i x_j = 0$ であることが期待されるから

$$(\overline{m} - T)^2 = \frac{1}{n^2}\sum x_i^2 \tag{6}$$

が成り立つ．これを(5)式に代入すると(4)式が得られる．

この関係を用いると，

$$\mu = \sqrt{\frac{\sum \delta_i^2}{n-1}} \tag{7}$$

となる．$\overline{m}$ と T の差を μ_A とすると(6)式より

$$\mu_A^2 = \frac{\mu^2}{n} \quad \text{または} \quad \mu_A = \frac{\mu}{\sqrt{n}}$$

となるから，(7)式を代入すると，

$$\mu_A = \sqrt{\frac{\sum \delta_i^2}{n(n-1)}}$$

を得る．したがって平均値の標準偏差で不確かさを表すと，物理量 M の測定結果は，次のように表すことができる．

表1 測定結果

測定番号 i	測定値 x_i/kg	残差 $\delta_i(=x_i-x_0)$/kg	δ_i^2/kg^2
1	8.662	-1.9×10^{-3}	3.6×10^{-6}
2	8.664	+0.1	0.0
3	8.677	+13.1	171.6
4	8.663	−0.9	0.8
5	8.645	−18.9	357.2
6	8.673	+9.1	82.8
7	8.659	−4.9	24.0
8	8.662	−1.9	3.6
9	8.680	+16.1	259.2
10	8.654	−9.9	98.0

$$M=\bar{m}\pm\sqrt{\frac{\sum \delta_i^2}{n(n-1)}} \tag{8}$$

不確かさが単に μ ではなく，μ よりも小さな値 $\frac{\mu}{\sqrt{n}}$ になるのは，測定を多数回行い，より真値に近い値が得られていることを意味する．

問題1 ある物体の質量を測定し，次の結果を得た．
    8.662 kg, 8.664 kg, 8.677 kg, 8.663 kg, 8.645 kg, 8.673 kg, 8.659 kg,
    8.662 kg, 8.680 kg, 8.654 kg
物体の質量の算術平均値および不確かさを求めなさい．なお，表1を参考にしてよい．

4. 不確かさの伝播

ある物理量 W が，他の物理量 $X, Y, Z, \cdots$ によって，関数
$$W=f(X, Y, Z, \cdots)$$
で与えられ，各測定値 $x, y, z, \cdots$ が不確かさ $\Delta x, \Delta y, \Delta z, \cdots$ を伴って，次のように求められているとき，
$$x=\bar{x}\pm\Delta x, \quad y=\bar{y}\pm\Delta y, \quad z=\bar{z}\pm\Delta z, \cdots$$

W の測定値 $\bar{w}$ とその合成不確かさ Δw は次式で与えられる.

$$\bar{w} = f(\bar{x}, \bar{y}, \bar{z}, \cdots)$$

$$\Delta w = \sqrt{\left(\frac{\partial f}{\partial x}\right)^2 \Delta x^2 + \left(\frac{\partial f}{\partial y}\right)^2 \Delta y^2 + \left(\frac{\partial f}{\partial z}\right)^2 \Delta z^2 + \cdots} \qquad (9)$$

(9)式を不確かさの伝播則という. また, $\frac{\Delta w}{\bar{w}}$ を相対不確かさと呼び, このような形で不確かさを表すと, どの物理量の不確かさの影響が最も大きいのかを考えるときに便利である.

問題2 「実験1. ボルダの振り子」によれば, 重力加速度 g は,

$$g = \frac{4\pi^2}{T^2}\left(l + \frac{2}{5}\frac{r^2}{l}\right)$$

で求められる. 周期 $\bar{T} \pm \Delta T$, 振り子の長さ $\bar{l} \pm \Delta l$, 球体の半径 $\bar{r} \pm \Delta r$ の測定値から, 重力加速度 $\bar{g} \pm \Delta g$ を求めなさい.

問題3 「実験3. たわみによるヤング率の測定」によれば, ヤング率 E は

$$E = \frac{1}{4}\frac{l^3}{d^3 b}\frac{W}{h}$$

で求められる. 各測定値から $\bar{E} \pm \Delta E$ を求めなさい.

5. 間接測定における最小二乗法

ある量 v が, 1組の独立な量 $x, y, z, \cdots$ の関数として $v = f(x, y, z, \cdots)$ の形で表され, 直接測定によってこれら $x, y, z, \cdots$ が決定されると同時に v も測定されるものとする. また関数 f は $x, y, z, \cdots$ のほかに1組 m 個の未知変数 $a, b, c, \cdots$ をも含むものとする. すなわち

$$v = f(x, y, z, \cdots; a, b, c, \cdots)$$

である. 測定で得られる $v, x, y, z, \cdots$ が関数 f を満足するように m 個の未知数 $a, b, c, \cdots$ を求める必要が起こる. これには以下で述べるように最小二乗法を用いるのが有効である.

はじめに, 差の二乗を考え

とする．このとき $a, b, c, \cdots$ の最確値に対して I は最小値をとるから，

$$\frac{\partial I}{\partial a}=0, \quad \frac{\partial I}{\partial b}=0, \quad \frac{\partial I}{\partial c}=0, \cdots \tag{10}$$

を満足する $a, b, c, \cdots$ を決定すればよい．f が $a, b, c, \cdots$ の線形関数の場合は，$a, b, c, \cdots$ の連立1次方程式となり，行列計算によって解を求めることができる（線形最小二乗法）．ただし，測定の回数 n は未知変数の数 m より大きくなければならない（$n > m$）．このときの不確かさは，(10)式から導出される連立方程式から得られる行列式を D で表し，小行列を $d_{11}, d_{22}, \cdots, d_{mm}$ とすれば

$$\mu_a = \mu\sqrt{\frac{d_{11}}{D}}, \ \mu_b = \mu\sqrt{\frac{d_{22}}{D}}, \ \cdots, \ \mu_k = \mu\sqrt{\frac{d_{mm}}{D}}$$

で表される．ここで μ は v の標準不確かさ

$$\mu = \sqrt{\frac{\sum \delta_i^2}{n-m}}$$

である．詳しくは例題1を参照されたい．なお，$n=m$ のとき不確かさを生じないので，分母は n ではなく $n-m$ となる．f がパラメータ $a, b, c, \cdots$ の非線形関数の場合は，コンピュータを用いて I が最小になる解を探す（非線形最小二乗法）．

例題1 長さ l の金属棒が，温度 t で

$$l = l_0(1+\alpha t)$$

なる関係で表されるとき，表2の測定結果をもとに，未知変数 l_0, α を求める．ただし l_0 は 0℃ における長さ，α は線膨張率である．

表2　測定結果

測定番号	$t/℃$	l/m
1	20.0	1.00036
2	30.0	1.00053
3	40.0	1.00074
4	50.0	1.00091
5	60.0	1.00106

解法 最小二乗法に従い

$$I = \sum \{l_0(1+\alpha t_i) - l_i\}^2$$

とし，$l_0\alpha = s$ と置き換えれば

$$I = \sum (l_0 + st_i - l_i)^2$$

となる．それぞれの未知変数について偏微分をとれば

$$\frac{\partial I}{\partial l_0} = \sum 2(l_0 + st_i - l_i) = 0 \quad より \quad \sum l_i = nl_0 + s\sum t_i$$

$$\frac{\partial I}{\partial s} = \sum 2(l_0 + st_i - l_i)t_i = 0 \quad より \quad \sum l_i t_i = l_0 \sum t_i + s \sum t_i^2$$

を得るから，この2つの方程式より l_0 と $s(=l_0\alpha)$ を求めればよい．

連立方程式は，

$$\begin{pmatrix} n & \sum t_i \\ \sum t_i & \sum t_i^2 \end{pmatrix} \begin{pmatrix} l_0 \\ s \end{pmatrix} = \begin{pmatrix} \sum l_i \\ \sum l_i t_i \end{pmatrix}$$

のように表せるので，

$$l_0 = \frac{\begin{vmatrix} \sum l_i & \sum t_i \\ \sum l_i t_i & \sum t_i^2 \end{vmatrix}}{\begin{vmatrix} n & \sum t_i \\ \sum t_i & \sum t_i^2 \end{vmatrix}} = \frac{\sum l_i \sum t_i^2 - \sum t_i \sum l_i t_i}{n \sum t_i^2 - (\sum t_i)^2}$$

$$s = \frac{\begin{vmatrix} n & \sum l_i \\ \sum t_i & \sum l_i t_i \end{vmatrix}}{\begin{vmatrix} n & \sum t_i \\ \sum t_i & \sum t_i^2 \end{vmatrix}} = \frac{n \sum l_i t_i - \sum l_i \sum t_i}{n \sum t_i^2 - (\sum t_i)^2}$$

を計算すれば l_0, s を求めることができる．

実際に計算してみよう．

表3に示された測定結果より l_0, α を求めるには，先の連立方程式が成り立つように各々の和をつくる必要がある．各々の和を次のようにまとめると便利である．これより

$$l_0 = \frac{\sum l_i \sum t_i^2 - \sum t_i \sum l_i t_i}{n \sum t_i^2 - (\sum t_i)^2} = \frac{5.00360 \text{ m} \times 9000.00 \text{ (℃)}^2 - 200.0 \text{ ℃} \times 200.1618 \text{ m℃}}{5 \times 9000.00 \text{ (℃)}^2 - (200.0 \text{ ℃})^2}$$

$$= 1.000008 \text{ m}$$

表3 測定結果

測定番号	$t_i/℃$	l_i/m	$t_i^2/(℃)^2$	$l_i t_i/m℃$
1	20.0	1.00036	400.00	20.0072
2	30.0	1.00053	900.00	30.0159
3	40.0	1.00074	1600.00	40.0296
4	50.0	1.00091	2500.00	50.0455
5	60.0	1.00106	3600.00	60.0636
	$\sum t_i = 200.0$	$\sum l_i = 5.0036$	$\sum t_i^2 = 9000.00$	$\sum l_i t_i = 200.1618$

$$s = \frac{n\sum l_i t_i - \sum l_i \sum t_i}{n\sum t_i^2 - (\sum t_i)^2} = \frac{5 \times 200.1618 \text{ m℃} - 5.00360 \text{ m} \times 200.0 \text{ ℃}}{5 \times 9000.00 \text{ (℃)}^2 - (200.0 \text{ ℃})^2}$$
$$= 1.78 \times 10^{-5} \text{ m/℃}$$

すなわち
$$s/l_0 = \alpha = 1.78 \times 10^{-5}/℃$$
となるから
$$l = 1.000008(1 + 0.0000178 t/℃) \text{ m}$$
を得る。次に l_0, s の誤差を求める。残差を δ とすると
$$\delta_i = l_i - (l_0 + s t_i)$$
である。

また，$\sum \delta_i^2 = 960 \times 10^{-12} \text{ m}^2$
$$D = \begin{vmatrix} n & \sum t_i \\ \sum t_i & \sum t_i^2 \end{vmatrix}$$
より，$d_{11} = \sum t_i^2$，$d_{22} = n$ となるので
$$\mu = \sqrt{\frac{960 \times 10^{-12}}{3}} = 1.79 \times 10^{-5} \text{ m}$$
$$\mu_{l_0} = \varepsilon \sqrt{\frac{d_{11}}{D}} = 1.79 \times 10^{-5} \sqrt{\frac{9000}{5000}} = 2.4 \times 10^{-5} \text{ m}$$
$$\mu_s = \varepsilon \sqrt{\frac{d_{22}}{D}} = 1.79 \times 10^{-5} \sqrt{\frac{5}{5000}} = 5.7 \times 10^{-7} \text{ m/℃}$$

である。$\alpha = \dfrac{s}{l_0}$ であるから

$$\mu_\alpha = \frac{\partial \alpha}{\partial s}\mu_s + \frac{\partial \alpha}{\partial l_0}\mu_{l_0}$$

が導かれ,さらに

$$\frac{\partial \alpha}{\partial s} = \frac{1}{l_0}, \quad \frac{\partial \alpha}{\partial l_0} = -\frac{s}{l_0^2} \sim 0$$

となるので

$$\mu_\alpha = \frac{\partial \alpha}{\partial s}\mu_s = \frac{5.7 \times 10^{-7} \text{ m/°C}}{1.000008 \text{ m}} = 5.7 \times 10^{-7} \text{ /°C}$$

それゆえ,金属棒の長さおよびその線膨張係数は

$$l_0 = 1.000008 \pm 0.000024 \text{ m}$$
$$\alpha = (1.78 \pm 0.06) \times 10^{-5} \text{ /°C}$$

となる.

参考文献
久我隆弘,「"測る"を究めろ!」,丸善出版(2012)

本書では,
数値として「ほぼ等しいことを示す」場合,記号 "$\approx$" を用い,
数式を「近似的に表す」場合,　　　　記号 "$\simeq$" を用いる.

対数記号 log と ln の使い分け
本書でもしばしば対数表示を用いるが,これに関しても注意が必要である.現在はネピア数 e($=2.718281828\cdots$)を底とする自然対数(natural logarithm)を log で表すが,この慣習が導入される以前には log というと 10 を底とする常用対数(common logarithm)を意味し,自然対数を表すには記号 ln が使用された.今日でも関数電卓や Excel のような PC 用ソフトウェアには,この慣用記号が使用されている.本書でも常用対数の意味で記号 log を使用する場合があるが(たとえば,実験 6 参照),その際はその旨を明示する.

物理学実験―基礎編―

ボルダの振り子

目的

ボルダ[*1]の振り子（Borda's pendulum）を使って重力加速度を測定する．

1. 原 理

もし，地球が静止した均質球であるならば，地表面上での重力加速度の大きさは，いたるところ $GM/R^2(\equiv g_0)$ となるはずである．ただし，G は重力定数（$=6.672\times10^{-11}$ m^3/(kg s^2))，M は地球の質量（$\approx 5.976\times10^{24}$ kg），R は地球の半径（$\approx 6.377\times10^6$ m）である．

しかし，地球は自転をしているので，たとえ均質球であったとしても，g_0 と実測値 g との間には地表の各地で系統的なずれが現れる．まず，地表に固定された観測者（または測定装置）に遠心力が働くため，g は遠心力を考慮した値となる．すなわち，自転の角速度を ω，測定地点の緯度を ϕ とすれば，実測値 g は

$$g = g_0 - R\omega^2 \cos^2\phi \tag{1}$$

となる．さらに，実際には地球は完全剛体でないため，遠心力は地球をわずかながら南北に偏平な回転楕円体に変形し，その結果，重力加速度の値にも副次的影響が生じる．また，地球の表面は，大陸や山脈，渓谷といったさまざまな凹凸と，不規則な質量分布を有するため，g はさらに複雑な局所的変化を示すことになる．

[*1] Jean-Charles de Borda（1733-1799）

重力加速度の精密測定には，真空中での落体法，振動法（可逆振り子），重力計による方法が用いられている．前者2つの方法は重力の絶対測定であり，最後のものは相対測定である．これまでに，地球上の1854地点における値が，精度 10^{-6} m/s^2 で求められ，国際重力基準網1971（IGSN71）にまとめられている．さらにまた，わが国では国土地理院によって，同様な精度を持つ日本重力基準網1975（JGSN75）が確立されている．IGSN71によると，g の値は，たとえば根室（$\phi=43°19.7'$，$\lambda=145°35.4'$，$H=20$ m）で 9.8068363 m/s^2，東京（$\phi=35°38.6'$，$\lambda=139°41.3'$，$H=28$ m）で 9.7976319 m/s^2，宮古島（$\phi=24°47.6'$，$\lambda=125°16.7'$，$H=30$ m）で 9.7899718 m/s^2 となっている（ここで，ϕ は測定地点の緯度，λ は経度，H は標高を表している．詳しくは「理科年表」を参照のこと）．

　その他，g には太陽系内の天体からの影響も考えられるが，太陽と月を合わせても地球による重力加速度の 7×10^{-4} 倍以下であり，次に影響力の大きい木星と金星の場合でも地球のそれの 5×10^{-8} 倍以下であるから，いずれにしても無視してよいであろう．

　比較的簡単な装置で，しかも精度よく g を測定するには振り子が適している．質点と見なせる物体を，重さの無視できる長さ l_0 の糸につないで，固定点から吊るして振らすものを単振り子と呼ぶ．いま，振れ角 θ が十分小さく，微小角近似 $\sin\theta\approx\theta$ が成り立つ場合には，その周期 T はよく知られているように

$$T=2\pi\sqrt{\frac{l_0}{g}} \qquad (2)$$

となる．したがって

$$g=\frac{4\pi^2 l_0}{T^2} \qquad (3)$$

となり，T を測定することにより，重力加速度が得られる．重力加速度を表すのに 980.68363 Gal という具合に，Gal という単位が用いられることもある．これはガリレイの名にちなんだもので，1 Gal $=10^{-2}$ m/s^2 である．ところで理想的な質点をつくることは実際上不可能であるから，それに代わるものとして

半径 r，質量 M の金属球を，質量 m，長さ l_1 の細長い針金につけたものを用いる．これはボルダの振り子と呼ばれるもので，複振り子の1つである．この場合，針金の水平固定軸 O の周りの鉄球（針金を含み全体として剛体として扱う）の回転運動として解析される．回転の運動方程式は次式で表される．

$$I\frac{d^2\theta}{dt^2} = -M'gh\sin\theta \tag{4}$$

ここで，I は支点 O の周りの剛体全体の慣性モーメントであり，h は支点 O から剛体の重心までの距離，M' は剛体の全質量である．（2）式と同様に振れ角の微小角近似の範囲内とすると

$$\frac{d^2\theta}{dt^2} = -\frac{M'gh}{I}\theta \tag{5}$$

が成り立ち，単振動の周期 T は

$$T = 2\pi\sqrt{\frac{I}{M'gh}} \tag{6}$$

と表される．（6）式中の I を詳細に表すと

$$I = \frac{1}{3}ml_1^2 + M\left\{\left(\frac{2}{5}r^2\right) + (l_1+r)^2\right\} \tag{7}$$

である．右辺第1項は一端 O を固定軸とした針金の慣性モーメントであり，第2項は固定軸 O の周りの鉄球の慣性モーメントである．針金および鉄球の支点 O の周りの力のモーメントは

$$M'gh = \frac{1}{2}ml_1g + M(l_1+r)g \tag{8}$$

と表されるから，周期 T は

$$T = 2\pi\sqrt{\frac{\frac{1}{3}ml_1^2 + M\left\{\left(\frac{2}{5}r^2\right) + (l_1+r)^2\right\}}{\left\{\frac{1}{2}ml_1 + M(l_1+r)\right\}g}} \tag{9}$$

となる．ここで針金の質量 m が球の質量 M に比べて十分小さいと近似すると

$$T = 2\pi\sqrt{\frac{M\left\{\left(\frac{2}{5}r^2\right) + (l_1+r)^2\right\}}{Mg(l_1+r)}}$$

より，$l=l_1+r$ とし，両辺を二乗して次式を得る．

$$g=\frac{4\pi^2}{T^2}\left(\frac{2r^2}{5l}+l\right) \tag{10}$$

(10)式に従い重力加速度を求めることができる．

2. 実　　験

2.1　実験課題

重力加速度の値を求め，不確かさの伝播の式を用いて，得られた結果の精度について考察する．

2.2　実験装置

以下のものを用意する．
（1）　ボルダの振り子一式
　（a）鉄球
　（b）エッジ（周期を調節するためのねじと，チャックが付いている）
　（c）水平板（U字形の板）
（2）　望遠鏡（十字線付きのもの）
（3）　水準器，ノギス，巻き尺，針金（約1m）

図1に示すように，壁面（あるいは柱）に取り付けられた支持台Aの上に，U字形をした水平調整板Bを載せ，水準器を置き，C_1，C_2 のねじで水平板Bの水平をとる．次に，ボルダの振り子で，支点の位置を明確にするために用いられているエッジDのエッジをx方向に平行にして水平板Bの上に載せ，滑らかな振り子運動が行われるようにする．ただし，これまでの解説（(5)式～(9)式）にはエッジの影響は含まれていない．単振り子では(2)式からわかるように，針金の長さを $l_0 \approx 1$ m にすると，そのときの周期 T は約2秒となる．一方，エッジDには，針金を挟み込むチャックEと，おもりの役目をするねじFが取り付けられている．このねじを回して，その位置を上下すると，エッジの支点の周りの慣性モーメントが変わる．そこで振れの周期が同じ2秒

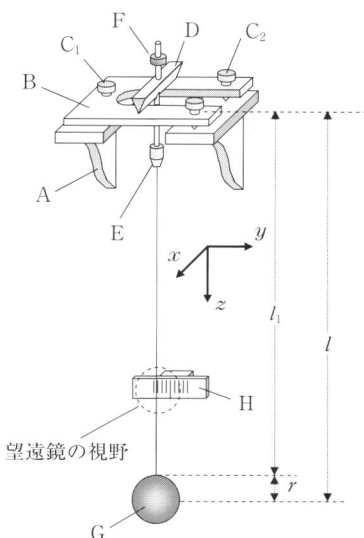

図1 ボルダの振り子

になるようにねじを調節し，エッジの影響を無視できるようにする．実験開始前にエッジD（チャックE付き）だけ台に載せて振動させ，その周期が約2秒になるようにねじFの位置を調節する．その後，針金をチャックEで挟んで $l \approx 1\,\mathrm{m}$ の振り子をつくり，その周期を測る．こうすれば振り子全体の周期がほぼ等しくなり，エッジの影響を無視できる．

2.3 実験手順

（1） 支持台の上に水平板を載せ，その上に水準器を載せて，おもに2本のねじを調節して，面を水平にする．

（2） エッジDを水平板に載せて振動させ，その振動の周期を測定する．この測定は，だいたいの値がわかればよい．たとえば，10周期分の時間をストップウォッチで測って，10で割ればよい．ねじFを上下させ，ほぼ2秒の周期になるように調節する．

（3） 鉄球Gの直径をノギスで測る．

（4）　針金の一方をチャック E で挟み，他方を鉄球に結び，振り子を完成する．このとき，支点からおもりの中心までの距離が，約 1 m になるようにする．

（5）　鉄球を支点 O の真下の位置に止め，振り子が振れていない状態にする．

（6）　巻尺を水平板 B に掛け，おもりの支点までの長さ l_1 を測定する．

（7）　微小振れ角で振動する振り子の観察には望遠鏡を用いる．望遠鏡を振り子の針金に向け，2 m ほど離れた位置から望遠鏡をのぞき，針金が望遠鏡内の十字線の交点に重なって見えるように，望遠鏡の方向とピントを調節する．

（8）　振り子を正しく振らせるため，鉄球のすぐ上，針金を固定した部分に木綿糸を結び付け，その一端を振り子の傾角が 0.052 rad（≈3°）くらいになるように真横に引っ張り（約 50 mm），糸を固定する．振り子がほとんど静止した状態を確認したら，ライターの炎で鉄球に近い方の糸を焼き切る．これによって振り子は，エッジに直角な面内で振動する．周期の測定は振り子の振れ幅がほぼ望遠鏡の視野内に入ってから開始する．

（9）　測定にあたっては，針金が望遠鏡の十字線の交点を左から右（右から左でもよい．ただし，途中で変えてはならない）に通り過ぎる時刻を，ストップウォッチのスプリットタイム機能を用いて計測する．測定は 10 周期目ごとに，その時刻を記録する．このとき，周期の数えまちがいをしないように注意すること．特に左から右へ通り過ぎる時刻をとらえるのか，右から左へ通り過ぎる時刻をとらえるのかを，まちがえないようにすること．190 周期目まで測定し終了すると，全部で 20 回の時刻が記録されたことになる．すなわち，開始時刻，10 周期目，20 周期目，30 周期目，…，190 周期目の 20 個である．

2.4　測定データの整理と重力加速度の計算

　測定結果をもとにして 100 周期分の時間を表 1 のように整理する．周期の計算は表 1 の横 1 列，100 周期目の時刻から，開始時刻を引き，その結果を右端の欄に記入する．以後，同様に処理すれば，100 周期分の時間が 10 組求められる．10 個のデータを平均し，さらに 100 で割って，1 周期分の時間を求め

る．以上の方法によれば，100周期分の時間のデータ10個を，190周期分の時間で求めることができる．次に，糸の長さおよび鉄球の直径の測定（表2，表3参照）を整理する．

得られた計測値をもとに，(10)式を用いて重力加速度を求めることができる．

（1） 周期の測定例

表1 周期の測定結果

回	時刻 t_1 分　秒	回	時刻 t_2 分　秒	$100\,T = t_2 - t_1$ 分　秒
0	0　10.1	100	3　33.2	3　23.1
10	0　30.4	110	3　53.6	23.2
20	0　50.8	120	4　13.9	23.1
30	1　11.0	130	4　34.2	23.2
40	1　31.4	140	4　54.4	23.0
50	1　51.7	150	5　14.8	23.1
60	2　12.2	160	5　35.2	23.0
70	2　32.4	170	5　55.3	22.9
80	2　52.7	180	6　15.7	23.0
90	3　13.0	190	6　36.1	23.1

平均　3分23.07秒

$$T = \frac{3\,\text{分}\,23.07\,\text{秒}}{100} = 2.0307\,\text{s}$$

（2） 針金の長さの測定例

表2 針金の長さの測定

回	l_1/mm
1	1003.6
2	1003.8
3	1003.5
4	1003.4
5	1003.5

平均＝1003.6 mm

24 物理学実験—基礎編—

（3） 鉄球の直径の測定例

表3 鉄球の直径の測定

回	$2\,r$/mm
1	39.35
2	39.30
3	39.30
4	39.30
5	39.35

平均$=39.32$ mm　$r=19.66$ mm

質問1　（1）～（3）の測定結果および(10)式をもとに重力加速度を計算し，さらにこれらの測定値の不確かさを用いて，算出された重力加速度 g の不確かさを求め，測定結果を考察しなさい．

重力加速度の計算例

$$g = \frac{4\pi^2}{T^2}\left\{(l_1+r)+\frac{2}{5}\frac{r^2}{l_1+r}\right\} = \frac{4\times(3.1416)^2}{(2.0307\text{ s})^2}\left\{1023.3\text{ mm}+\frac{2}{5}\frac{(19.66\text{ mm})^2}{1023.3\text{ mm}}\right\}$$

$$= \frac{4\times 9.8697}{4.1237\text{ s}^2}\times 1023.5\text{ mm} = 9798.6\text{ mm/s}^2 = 9.7986\text{ m/s}^2$$

質問2　鉄球の直径の測定にノギス，針金の長さの測定にスケール（1 mm 刻み）を用いた場合，それに相応する精度にするためには，周期の測定をどの桁まで測定すべきかを考察しなさい．

質問3　初期の振れ角を 0.052 rad（$\approx 3°$）以上にして測定した場合，重力加速度を示す(10)式にはどのような補正が加えられるべきか考察しなさい．

質問4　実験室のおおよその緯度，経度，標高から予想される重力加速度の値を考察しなさい．

2 針金のヤング率
（サールの方法）

目的

細い針金の伸び変形から，針金のヤング率をサール[*1]の方法により求める．

1. 原　理

長さ l，半径 r の細長い均一な針金の一端を固定し，下端に質量 M のおもりを加えると，針金の垂直断面には

$$\sigma = \frac{Mg}{\pi r^2} \quad (1)$$

の引張応力 σ が発生し，伸び変形を示す．ここで g は重力加速度の大きさである．この引張応力による伸び量を Δl とし，伸び歪み（歪み）を

$$\varepsilon = \frac{\Delta l}{l} \quad (2)$$

と表すと，伸び量が小さい場合は

$$\sigma = E\varepsilon \quad (3)$$

というフック[*2]の法則が成り立つ．ここで，E をヤング[*3]率（Young's modulus）といい，1軸方向の変形に対する弾性を表す物質固有の定数である．(3)式が成り立つ範囲の変形を弾性変形といい，おもりを取り除くと元の長さに戻る．一方，弾性変形の限界を越えて重量を増やしていくと，針金は元の

[*1] George Frederick Charles Searle （1864-1954）
[*2] Robert Hooke （1635-1703）
[*3] Thomas Young （1773-1829）

長さに戻らない伸び量（永久歪み）を残す．これを塑性変形という．
（1）〜（3）式より

$$\Delta l = \left(\frac{lg}{E\pi r^2}\right) M = \alpha M \qquad \left(\alpha = \frac{lg}{E\pi r^2}\right) \qquad (4)$$

と表される．（4）式に従って，おもりの質量 M を変えながら針金の伸び量 Δl を測定し，それらの間の比例関係から直線の傾き α を求め，

$$E = \frac{lg}{\alpha \pi r^2} \qquad (5)$$

（5）式より針金のヤング率 E を算出する．

一般に金属のヤング率は 10^{10}-10^{11} Pa と非常に大きいので，伸び量は小さく，伸び量の測定には工夫をこらした精密な方法が用いられる．ここではサールの方法を用いた測定を行う．

2. 実　　験

2.1　実験課題

種々の細い針金のヤング率を求める．

2.2　実験装置

非常に小さい伸び Δl を測定するため，図1に示すサールの装置を用いる．その他，巻尺，マイクロメータ，おもり（各 0.20 kg），測定試料（焼きなましされた細い針金：同じもの2本，1-1.5 m）を用意する．

2.3　実験手順

（1）　測定しようとする針金を2本（SおよびS′とする）同じ長さに切って，固定台A，A′から平行におろし，それぞれの下端に，水準器を載せる装置の枠B，B′を連結する．これらの枠は，Dとそれと対称の位置にあるD′によって互いに連結されているが，鉛直方向には共に自由に動くことができる．

（2）　両枠に橋かけをするように水準器Lを載せる．水準器の一端は装置

2 針金のヤング率（サールの方法） 27

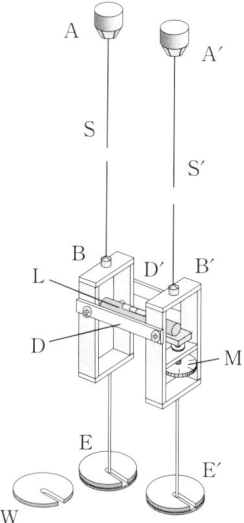

図1 サールの装置

付属のマイクロメータ M の上部で支えられる．

（3） 両枠の下端 E，E′ に，それぞれ適当なおもり W（0.20-0.40 kg）を共に載せ，針金を静かにまっすぐに引っ張り，たわみを取り除く．その状態でマイクロメータ M を静かに回して水準器を水平に調整し，そのときのマイクロメータの目盛を読む．

（4） 5分間ほどそのままに放置し，水準器が水平のままかどうかを確認する．もしずれていたら再びマイクロメータを回して調節し，その目盛を読み取る．この値を測定開始前の基準値 x_0 とする．

（5） 次にマイクロメータがついている E′ 側におもりを1つずつ載せてゆき，そのたびごとに水準器が水平になるようにマイクロメータを回して調節し，目盛 x_i を読み取る．

（6） おもりを全部載せ終えたら，今度は逆に，おもりを1つずつ取り除きながら水準器の水平位置をマイクロメータで読み取る．

注意

針金の伸びの測定途中はかならず M_i を横軸，l_i を縦軸にプロットしながら進めることが大切である．試料に弾性限界を越えた重量 $M_i g$ が与えられて塑性変形が発生した場合とか，あるいは，針金の固定部が不完全で，つかみがゆるんで試料がずれだした場合には，直ちに異常な伸びとして図から発見できるからである．

2.4 測定データの整理とヤング率の計算

測定結果を，表1のように整理する．おもりを加えたときの試料の伸び Δl は

$$\Delta l_i = x_i - x_0$$

として得られる．（4）式に従って横軸におもりの質量 M_i，縦軸に伸び Δl_i を取り，1本の試料についておもりを増やしてゆく場合と，減らしてゆく場合の両方を，記号を変えて図示する．表1には黄銅のヤング率を測定した場合の例

表1 測定結果

おもりの質量/kg	質量増 目盛の読み/mm	Δl/mm	質量減 目盛の読み/mm	Δl/mm	質量増 目盛の読み/mm	Δl/mm	質量減 目盛の読み/mm	Δl/mm
0.0	1.920	0	2.030	0.110			2.113	0.093
0.1					2.050	0.130	2.175	0.255
0.2	2.000	0.080	2.105	0.185				
0.3					2.135	0.215	2.255	0.335
0.4	2.080	0.160	2.186	0.266				
0.5					2.220	0.300	2.343	0.423
0.6	2.168	0.248	2.264	0.344				
0.7					2.305	0.385	2.423	0.503
0.8	2.255	0.335	2.345	0.425				
0.9					2.388	0.468	2.500	0.580
1.0	2.340	0.420	2.428	0.508				
1.1					2.495	0.575	2.580	0.660
1.2	2.510	0.590						
1.3					2.660	0.740		

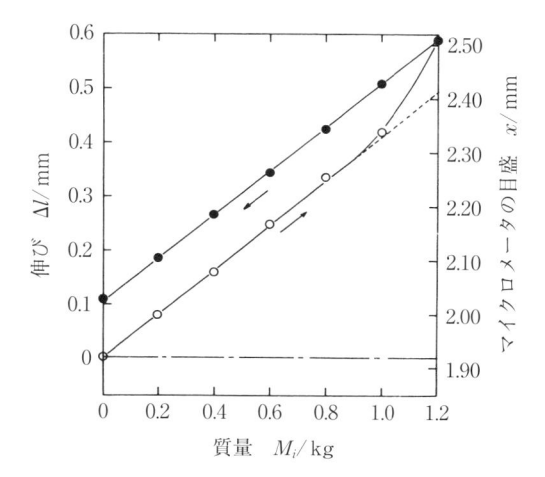

図2 おもりの質量と伸びの関係

を示し，図2にその結果を示す．おもりを増加させてゆくと，1 kg 以上で直線からずれはじめる．

おもりの増加，減少双方の直線部分の傾きを $\alpha_1, \alpha_2 (=\Delta l/M)$ とすると，

$$\alpha_1 = \frac{(2.412-1.920)\times 10^{-3}\ \mathrm{m}}{1.200\ \mathrm{kg}} = 4.100\times 10^{-4}\ \ \mathrm{m/kg}$$

$$\alpha_2 = \frac{(2.510-2.022)\times 10^{-3}\ \mathrm{m}}{1.200\ \mathrm{kg}} = 4.067\times 10^{-4}\ \ \mathrm{m/kg}$$

となり，その平均値は

$$\bar{\alpha} = 4.084\times 10^{-4}\ \ \mathrm{m/kg}$$

となる．したがって，針金の長さ l は巻尺で，その直径 $d(=2r)$ はマイクロメータで，それぞれ10回ずつ測定し，求めたそれぞれの平均値

$$\bar{l}=1.343\ \mathrm{m}, \quad \bar{d}=0.597\ \mathrm{mm}$$

とを(5)式に代入し，ヤング率を計算すると

$$E = \frac{9.80\ \mathrm{m\ s^{-2}}}{4.084\times 10^{-4}\ \mathrm{m\ kg^{-1}}} \times \frac{1.343\ \mathrm{m}}{3.142\times (0.597\times 10^{-3}\ \mathrm{m}/2)^2} = 1.15\times 10^{11}\ \mathrm{Pa}$$

となる．この値は，Cu 60-70%，Zn 30-40% の組成比を持つ，黄銅のヤング率

1.17×10^{11} Pa に近い.

質問 1　サールの装置を吊るすとき，試料と同じ材質の 2 本の線 S, S′ を用いる理由を考察しなさい．

質問 2　最大の重量（表 1 ではおもり 1.2 kg についての重力）を加えたときの，針金の半径 r の変化量（Δr）を求め，ポアッソン比について調べ考察しなさい．

3 たわみによるヤング率の測定
（ユーイングの方法）

> **目 的**
> 角棒の曲げ変形を測定することにより，ヤング率を求める．また計測に伴う不確かさを検討する．

1. 原　理

一様な断面の棒状試料を曲げ変形させてヤング率を求める．

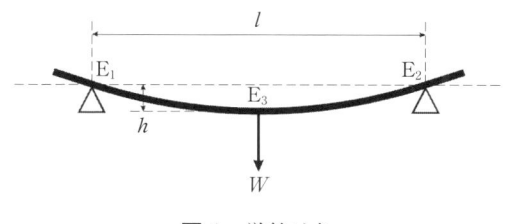

図1 単純はり

厚さ a，幅 b の長方形の断面をした棒状試料を，図1のように，l だけ隔てておいた2つの刃先 E_1，E_2 で水平に支え，その中央に刃先 E_3 で荷重 W をかけたときの中央部の降下距離を h とすれば，ヤング率 E は次式のように書くことができる．

$$E = \frac{1}{4} \frac{l^3}{a^3 b} \frac{W}{h} \tag{1}$$

W を $W_1, W_2, \cdots$ と増やして降下距離 $h_1, h_2, \cdots$ を測定し，W_i を横軸に，h_i を縦軸にとってグラフにすれば直線関係が得られ，その傾きからヤング率を求め

32 物理学実験—基礎編—

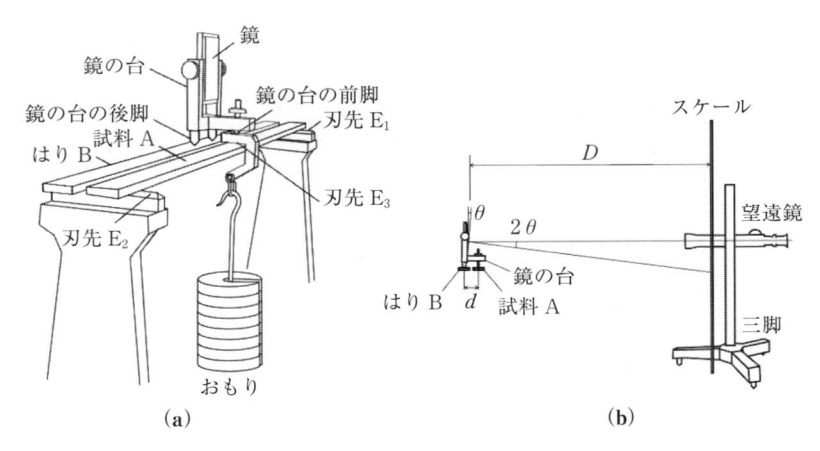

図2 ヤング率の測定装置．(a)は試料およびおもり，(b)は装置全体の概念図．

ることができる．

　測定では，図2のような装置を用いて測定を行う．(a)には試料部の様子を示す．Aは測定試料，Bは鏡の台を載せるためのはりである．鏡の台を，AとBを跨ぐように設置し，おもりを載せていくと，鏡の台の前脚が下がって鏡が傾く．この変化を(b)のように光を使って拡大して測定する．鏡の傾きをθ，前脚の変位をhとすれば，$h = d\sin\theta$が成り立つ．θが十分小さければ，これは$d\theta$に等しい．このとき，望遠鏡で読む目盛の読みがxからx'に変化したとすると

$$h = \frac{d}{2D}(x - x') \tag{2}$$

が成り立つ．$d/2D$は1よりも小さな値であるので，hが小さくても$(x-x')$は大きな値となり，試料のわずかなたわみの測定が容易となる（光学てこ）．(1)式および(2)式より，荷重Wと読みxの変位Δxの間に

$$\Delta x = \alpha W \quad \left(\alpha = \frac{Dl^3}{2a^3bd}\frac{1}{E}\right) \tag{3}$$

3 たわみによるヤング率の測定（ユーイングの方法）

の関係が得られる．α を測定すれば，ヤング率は

$$E = \frac{Dl^3}{2a^3 bd} \frac{1}{\alpha} \tag{4}$$

として求めることができる．このように棒状の試料のたわみを測定してヤング率を求める方法は，ユーイング[*1]の方法と呼ばれる．

（1）式の導出

棒に力を加えて少し曲げ変形した状態を考える．図3(a)，(b)は変形前と曲げ変形しているときの様子である．変形がわずかで円弧状にたわんでいるとしよう．

中立層の長さは変形の前後で不変である．変形しているとき，中立層の曲率半径を R とすれば中立層の長さは $R\varphi$ で，変形前も同じである．しかし中立層よりも ζ だけ外側の層では長さが $(R+\zeta)\varphi$ となり，元の状態より $\zeta\varphi$ だけ長くなって引張応力が生じている．伸び率は

$$\varepsilon = \frac{\zeta\varphi}{R\varphi} = \frac{\zeta}{R}$$

であるから，引張応力の大きさは，ヤング率 E を使って

$$\sigma = E\varepsilon = E\frac{\zeta}{R} \tag{5}$$

と書くことができる．一方，中立層よりも ζ だけ内側の層では，長さが $(R-\zeta)\varphi$ となって同じ量だけ縮むから，そこには同じ大きさの圧縮応力が生じる．棒の断面には，図3(c)に示すように，中立層の外側と内側で，大きさが同じで向きが逆の応力が生じている．これらの応力が偶力を生み出し，力のモーメントが生じている．中立層よりも ζ だけ外側の層の微小面積 ΔS に働く力 Δf は，（5）式を用いると

$$\Delta f = \sigma \Delta S = E\frac{\zeta}{R}\Delta S$$

であるから，力のモーメントは

[*1] James Alfred Ewing（1855-1935）

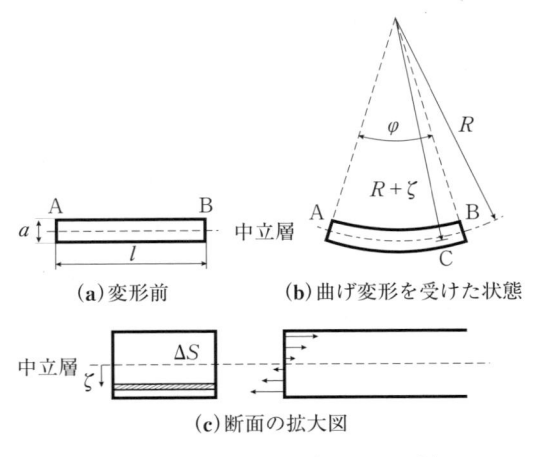

図3 棒が曲げ変形を受けている様子

(a) 変形前
(b) 曲げ変形を受けた状態
(c) 断面の拡大図

$$\Delta L = \Delta f \zeta = E \frac{\zeta^2}{R} \Delta S$$

である．断面について積分すれば，断面全体のモーメント M は

$$M = \frac{E}{R} I \tag{6}$$

となる．ここで I は

$$I = \int \zeta^2 dS$$

であり，断面の形状に依存する量である．I は断面二次モーメントと呼ばれ，棒のたわみを計算する際に重要な量である．棒の断面が厚さ a, 幅 b の長方形である場合には，

$$I = \frac{a^3 b}{12} \tag{7}$$

である．

次に，長さ L の棒 AB が水平になるように一端 A を壁に固定して（片持ちはり），他端 B に上向きの力 W_0 をかけたときのたわみ量を考える．

B 端から x だけ離れた点を C とし，C における断面での力学的つり合いを

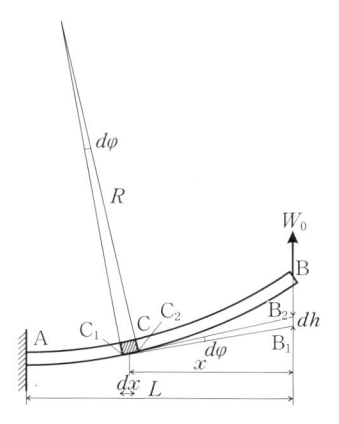

図4 片持ちはり AB の B 端に上向きの力 W_0 をかけたときの曲げ変形の様子. 実際には曲げ変形の量はわずかである

考えよう．棒の重さを無視すれば，断面に働く力のモーメントと B 端に働く力のモーメントはつり合っている．すなわち

$$\frac{E}{R}I = W_0 x$$

が成り立つ．C の位置で長さ dx の微小部分を考え C_1, C_2 における接線が B からおろした鉛直線と交わる点を B_1, B_2 とすると，変形量が小さければ距離 $B_1 B_2$ は $x d\varphi$ に等しい．これは，C の微小部分の曲げ変形による点 B の上昇量 dh であるから

$$dh = x d\varphi = x \frac{dx}{R} = \frac{W_0}{EI} x^2 dx$$

である．A から B までの全降下量はこれを 0 から h まで積分して

$$h = \int_0^h dh = \frac{W_0}{EI} \int_0^L x^2 dx = \frac{W_0 L^3}{3EI} \tag{8}$$

である．

図1のように，距離 l だけ隔てた2つの刃先に棒状試料を置き，その中央に荷重を加えるいわゆる3点曲げ変形は，ちょうど図4の片持ちはりの曲げ変形

2つをA点で接合したものと同一と見なせる．そこで，(8)式に$W_0=W/2$，$L=l/2$を代入すれば，図1の中点の降下量hは

$$h=\frac{W}{6EI}\left(\frac{l}{2}\right)^3=\frac{Wl^3}{48EI} \qquad(9)$$

となる．(9)式に(7)式を代入すれば，(1)式が得られる．

2. 実　　験

2.1　実験課題

鉄，銅，アルミニウムなどの角棒試料のヤング率を求める．

2.2　実験手順

（1）　まず，試料の断面の寸法を測定する．厚さaはマイクロメータで，幅bはノギスで測定する．それぞれ測定箇所を変えて10回測定せよ．次に試料を載せる固定刃先E_1，E_2の間隔lを物差しで10回測定する．以上の測定では，なるべく精度よい値が得られるよう，細心の注意を払うこと．

以下の作業では，実験机にわずかな振動も与えてはならない．机の上には余計なものを置かないようにすること．

（2）　刃先E_1，E_2のついた台を机の端に置いて，試料をE_1，E_2の上に載せる．このとき，刃先と試料が直角になるようにすること．さらにはりBを置く．はりBには，試料Aと同じ厚さのもう一本の試料を用いる．

（3）　鏡の台，おもりを載せる台を吊るすフックのついた刃先E_3，それにおもりを載せる台をセットする．E_3の中央部には鏡の台の前脚が通る小穴が開けてある．前脚がこの穴を通って試料Aの中央に直接載り，2本の後脚ははりBの上に載る．前脚が試料Aのちょうど中央にくるようにすること．この作業の際，鏡の台を落とさないよう細心の注意を払うこと．

（4）　試料台とは逆側の机の端に望遠鏡を三脚ごと載せ，スケールを鉛直に取り付ける．望遠鏡では鏡に反射したスケールの読みの微小変位を拡大して読み取る．ここで，スケール－鏡－望遠鏡の調整法について説明する．鏡を鉛直に

し望遠鏡が鏡と同じ高さになるようにする．最初は望遠鏡の接眼部は覗かずに，接眼部より数 cm 高いところから肉眼で鏡を眺めてスケールが映るようにする．次に望遠鏡の先端が鏡に向くように調整し，望遠鏡を覗いてラックピニオンを回して筒長を変えてピントを合わせればスケールが見えるはずである．さらに，眼の位置を少し上下させても十字線とスケールの目盛が相対的に動かなくなるように，つまり視差がなくなるように，接眼部を回しながらラックピニオンを調整する．

（5） 十字線の交点の位置でスケールの目盛を読み取る．まず，おもりを載せないときの目盛 x_0 を 5 回測定する．次におもりを載せると，鏡の台の前脚が下がり鏡は前に傾く．このときのスケールの目盛 x_1 を 5 回読み取る．さらにおもりを 1 個ずつ増やしながら，そのときの目盛 $x_2, x_3, \cdots, x_n$ をそれぞれ 5 回読み取る．最大の重量まで測定したら，今度はおもりを 1 個ずつ取り去りながら，$x'_{n-1}, x'_{n-2}, \cdots, x'_0$ を 5 回ずつ読み取る．測定中，おもりによる荷重と読み取った目盛の平均値の関係をグラフに描くこと．何かの誤りで測定値がずれたり，あるいは弾性限界を超えた重量が加わったりした場合には，直線関係がずれてしまうので，直ちに気づくはずである．

2.3 測定データの整理とヤング率の計算

（1） 測定中に描いたグラフの傾き α を求めよ．
（2） （4）式からヤング率 E を求めよ．
（3） 次にヤング率の不確かさを求める．「不確かさとその処理法」にあるように，E の相対不確かさは

$$\left|\frac{\Delta E}{E}\right| \leq \left|\frac{\Delta D}{D}\right| + 3\left|\frac{\Delta l}{l}\right| + 3\left|\frac{\Delta a}{a}\right| + \left|\frac{\Delta b}{b}\right| + \left|\frac{\Delta d}{d}\right| + \left|\frac{\Delta \alpha}{\alpha}\right|$$

から計算できる．まず，D，l，a，b，d 各値の不確かさを求める．これらは標準不確かさ，読み取りの不確かさ，それに測定装置が持つ最大許容差の絶対値の和から求めればよい．標準不確かさは「不確かさとその処理法」の（8）式から得られる．読み取りの不確かさは，通常は最小目盛の 1/10 程度になるはず

だが，物差し等を当てるときの困難さも考慮して実際に測定したときの様子を考えて決める．測定装置の最大許容差には，用いた測定器に対して日本産業規格（JIS）で与えられている値を用いよ．α の不確かさはグラフから求める．グラフの各点に誤差棒をつけ，傾きがどのくらいのばらつきを持つか検討して $\Delta \alpha$ を求めよ．今回用いたおもりの精度はよいので，おもりの不確かさは考慮しなくてよい．各値の不確かさを，表を用いてわかりやすくまとめよ．

これらの値を用いて E の不確かさ ΔE を求め，ヤング率の値を
$$E = (2.08 \pm 0.06) \times 10^{11} \, \text{Pa}$$
のように求めよ．得られた結果を理科年表に記載されている値と比較し，不確かさの範囲内で一致しているかどうか調べよ．

質問 1 ヤング率の測定精度を上げるためにはどのような工夫をすればよいか．

注 1：ユーイングの方法は，下記に詳細に記載されている．
https://archive.org/details/strengthofmateri00ewin/page/84

注 2：長さ計の最大許容差は日本産業規格で定められており，日本産業標準調査会のホームページ
https://www.jisc.go.jp/
から調べることができる．それによると，ヤング率の測定で必要となる長さの許容差は下記のとおりである．

金属製直尺

基準の温度を 20℃ とし，基点から任意の長さおよび任意の 2 目盛線間の長さに応じ，次の式による．

1 級：$\pm [0.10 + 0.05 \times (\text{L}/0.5)]$ mm

2 級：$\pm [0.10 + 0.10 \times (\text{L}/0.5)]$ mm

ここで，L は測定長から m で除した数値であって，単位を持たない（L は物理量を表さないため，イタリックでなくローマン体にしてある）．L/0.5 の計算値のうち，1 未満の端数は，切り上げて整数値とする．

鋼製巻尺

1級：±[0.2＋0.1 L] mm

2級：±[0.25＋0.15 L] mm

Lは，金属製直尺と同様の値である．2級の許容差は，この計算式で求めた値の小数点以下第2位を切り上げる．また，端面を基点とする巻尺の場合には，上記の数値に0.2 mmを加えたものとする．

ノギス　　　　　　　　　　　　　　　　単位 mm

測定長	目量，最小表示量または最小読取値	
	0.1 または 0.05	0.02 または 0.01
50 以下	±0.05	±0.02
50 を超え 100 以下	±0.06	±0.03
100 を超え 200 以下	±0.07	

マイクロメータ　　　　　　　　　　　　　単位 μm

測定範囲 mm	外側マイクロメータ	内側マイクロメータ	歯厚マイクロメータ	マイクロメータヘッド
0-25	±2	—	±4	±2
25-50				
50-75		±4	±6	—
75-100				
100-125	±3	±5	±7	
125-150				

4 剛性率の測定

目 的
針金のねじれ変形から剛性率を求める．

1. 原 理

図1のように，立方体の底面を固定して上面 ABKE に大きさ F の外力（接線力）を作用させたとき，その断面 ABCD が菱形 A'B'CD に変形し，全体として点線で示される形に移ったとする．この変形の前後で体積は変化せず，形状だけ変化したとすれば，それをずれ変形と呼び，∠ADA′$=\phi$ をずれの角（$\simeq$AA′/AD），$\tau=F/S$（S は上面 ABKE の面積）をずれ応力，あるいは，せん断応力という．ずれ変形は，せん断変形とも呼ばれ，弾性限界内の変形ではフック[*1]の法則

$$\tau = G\phi \tag{1}$$

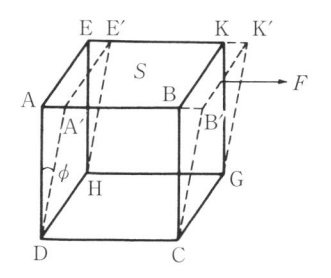

図1 剛性率の定義

[*1] Robert Hooke（1635-1703）

が成り立つ．この比例定数 G は剛性率と呼ばれ，物質固有の値をとる．

　さて，図2のように，長さ l，半径 R の円柱の一端を固定し，他端に力 F を加えてねじった場合を考えよう．いま，円柱を厚さの薄い多くの同心円筒の集まりと見なすと，中心から半径 r のところの厚み dr の円筒では，LM′ の変形が生じている．この変形は円筒を実線に沿って切り開いた平行六面体の底面に（図3参照），接線力 dF が作用して点線のようにずれ変形した場合と同じである．したがって，ずれ応力は

$$\tau = \frac{dF}{2\pi r dr} \tag{2}$$

となり，（1）式より

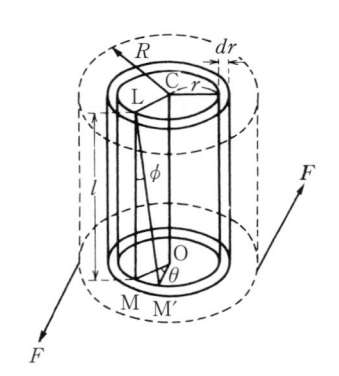

図2 円柱のねじれ

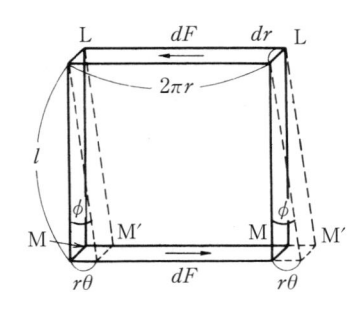

図3 図2で考えた円筒を開いた場合

4 剛性率の測定

を得る．一方，底面の接線力 dF によって半径 r の円筒中心軸（円柱の軸）の周りに生じる力のモーメント dN は

$$\frac{dF}{2\pi r dr} = G\frac{r\theta}{l} \tag{3}$$

$$dN = rdF = 2\pi G\theta r^3 dr/l \tag{4}$$

である．したがって半径 R の円柱試料に作用するモーメント N は

$$N = \int_0^R (2\pi G\theta/l) r^3 dr = (\pi G\theta/2l) R^4 \tag{5}$$

となり，これより剛性率は

$$G = \frac{2lN}{\pi R^4 \theta} \tag{6}$$

となる．

測定試料が半径 R の細い針金状（たとえば，直径約 0.5 mm，長さ 1.5 m）の場合には，ねじれ振動法を用いる．これは図 4 に示すように，針金の上端を固定し，下端におもりを吊り下げ，それを鉛直軸の周りでねじれ振動させ，その周期を測定して剛性率を求める方法である．ただし，ねじれ角を大きくすると弾性限界を越えるので，回転角はせいぜい 10°-20° 程度である．この振動の

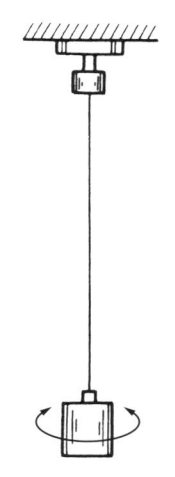

図 4 ねじれ振動法の原理図

周期は運動方程式

$$I\frac{d^2\theta}{dt^2} = N \tag{7}$$

を解いて得られる．ここで I はおもりの鉛直軸の周りの慣性モーメント，N は(5)式で与えられる力のモーメントである．(5)式を(7)式に代入すると

$$I\frac{d^2\theta}{dt^2} = -\frac{\pi R^4 G}{2l}\theta \tag{8}$$

なる単振動の式を得る．これより周期 T は

$$T = 2\pi\sqrt{2lI/\pi R^4 G} \tag{9}$$

であるから，針金のねじれ振動の周期 T を測定すれば

$$G = \frac{8\pi l I}{T^2 R^4} \tag{10}$$

という関係式から剛性率が求まる．

2. 実　験

2.1 実験課題

ねじれ振動法によって，与えられた針金状試料の剛性率を求める．

2.2 実験手順

　図4のような円柱状のおもりならば慣性モーメントは容易に計算できて，$I = mr^2/2$ となる．ここで r はおもりの半径である．しかし実際の測定では，試料の固定部品とか周期測定用の小鏡を回転体のおもりといっしょに取り付けなければならないが，これら付属物の慣性モーメントは計算で求めるのは困難である．そこで図5のような装置を用いて，付属物の慣性モーメントを消去する．

　まず図5(a)のように，小鏡を付けた台の上に円環（リング状のおもり）を水平に載せた場合のねじれ振動の周期を T_1 とすれば(10)式により

$$T_1 = 2\pi\sqrt{2l(I_0 + I_1)/\pi G R^4} \tag{11a}$$

(a) (b)

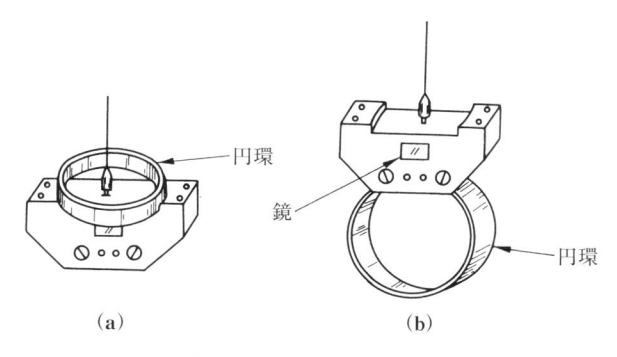

図 5 円環の取り付け方

である．ここで，I_0 は小鏡を含めた台の慣性モーメント，I_1 は円環の重心を通り，円環に垂直な軸の周りの慣性モーメントである．次に，円環を図 5(b) のように台の下に吊るして振動させたときの周期を T_2 とすれば，(11a) と同様で

$$T_2 = 2\pi\sqrt{2l(I_0+I_2)/\pi GR^4} \tag{11b}$$

となる．I_2 は円環の重心を通る直径の周りの慣性モーメントである．これら 2 つの式より I_0 を消去すれば

$$G = \frac{8\pi l(I_1-I_2)}{R^4(T_1^2-T_2^2)} \tag{12}$$

を得る．他方，円環の質量を m，内半径，外半径および高さをそれぞれ r_1, r_2, h とすれば，I_1 と I_2 は容易に計算できて

$$I_1 = \frac{r_1^2+r_2^2}{2}m \tag{13a}$$

$$I_2 = \left(\frac{r_1^2+r_2^2}{4}+\frac{h^2}{12}\right)m \tag{13b}$$

となるから

$$G = \frac{8\pi l}{R^4}\frac{\left(\dfrac{r_1^2+r_2^2}{4}-\dfrac{h^2}{12}\right)m}{T_1^2-T_2^2} \tag{14}$$

なる関係式を得る．l, R, m, r_1, r_2, h および T_1, T_2 を測定することにより，剛性

率 G を求める．

周期の測定法

　ねじれ振動の周期は，図 6 に示すような方法で測定する．まず鏡 B の高さがスケール D と望遠鏡 E の中間になるようにセットし，円環 C をほぼ静止させる．肉眼で台に付けてある鏡 B 内に観測者自身の体の一部（たとえば手元）が映っている位置を探す．その位置に望遠鏡全体をもっていき，望遠鏡の先端を鏡に向ける．次に望遠鏡に沿って視線を鏡に合わせ鏡にスケール D が映るように高さを調整する．最後に望遠鏡をのぞきピントを合わせれば，スケールの目盛が読めるはずである．望遠鏡内の十字線のところの目盛 x_0 を読む．次に台を約 10°-20° 回転してから手を放し，鉛直軸の周りにねじれによる回転振動をさせる．振動開始直後はわずかであるが横ゆれなどの乱れた運動があるので，それらが消えるまでしばらく待ってから測定を開始する．測定は前に望遠鏡で確認しておいた目盛 x_0 を基準にした回転振動の周期を測ることである．それにはまず，望遠鏡内で x_0 が最初に十字線を左から右に通過する時刻 t_1 を測定する．つづいて P 回目の振動で x_0 が同様に左から右に十字線を通過する時刻 t_2 を測る．

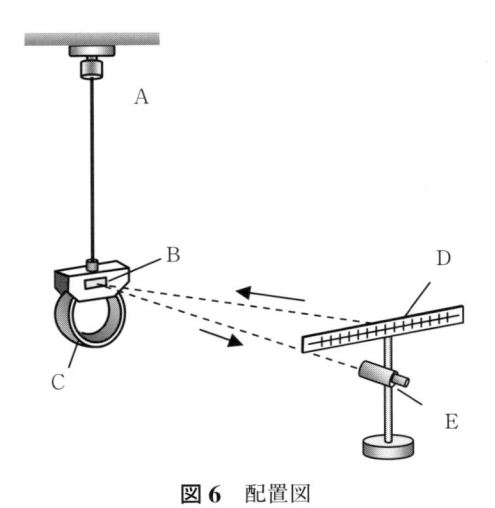

図 6　配置図

これを順次繰り返し測定し，P 回往復後の通過時刻を $t_1, t_2, \cdots, t_n, t_{n+1}, \cdots,$ t_{2n-1}, t_{2n} と得たとすれば

$$t_{n+1} - t_1 = nPT$$
$$t_{n+2} - t_2 = nPT$$
$$\cdots\cdots\cdots\cdots\cdots\cdots\cdots$$
$$t_{2n} - t_n = nPT$$

である．これらから

$$T = \{(t_{n+1} + t_{n+2} + \cdots + t_{2n}) - (t_1 + t_2 + \cdots + t_n)\}/(n^2 P) \tag{15}$$

という関係式より周期 T を求める．

周期 T は試料が円直軸の周りでねじれ変形するときの値であるから，図7(a)のように試料全体が横方向に振動したり，図7(b)のように鉛直軸の周りに回転運動をしたりしてはいけない．測定中は図7(c)のように，ねじれ回転しなければならない．そのようなよい測定条件を得るためには，次の点に注意する．

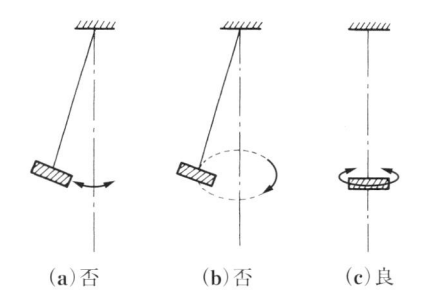

図7 振動の種類

（1） 少なくとも 1.00 m 以上の長い試料を用いる．

（2） 試料はできるかぎりまっすぐで，太さが一様なものを選ぶ．もし試料がまっすぐでない場合は，新しい試料と取り替えるか，あるいは白衣の片隅か乾いた雑巾などで数回軽くしごいてまっすぐにする．

（3） 試料の両端を装置に固定するとき，チャックの中心に試料がしっかりはまるようにしめつける．

(4) ねじれ角を大きくすると図7(a)や(b)のような運動となりやすいので十分注意する．ねじれ角は，望遠鏡の視野内で目標目盛（x_0）の通過が，容易に観察できる程度とすればよい．

2.3 測定データの整理と剛性率の計算

銅線を試料とした場合の例を示す．試料，円環の寸法および円環の質量を，それぞれ10回ずつ測定して求めた平均値を以下に示す．

銅線の長さ　$l = 1.370$ m　　　銅線の直径　$2R = 0.6006$ mm
円環の質量　$m = 0.256$ kg　　円環の内半径　$r_1 = 44.91$ mm
円環の外半径　$r_2 = 50.08$ mm　円環の高さ　$h = 19.99$ mm

これらの値を(13a)式と(13b)式に代入して

$$I_1 = 0.256 \text{ kg} \times \frac{(50.08 \times 10^{-3} \text{ m})^2 + (44.91 \times 10^{-3} \text{ m})^2}{2} = 5.792 \times 10^{-4} \text{ kg m}^2$$

$$I_2 = \frac{I_1}{2} + \frac{0.256 \text{ kg} \times (19.99 \times 10^{-3} \text{ m})^2}{12} = 2.981 \times 10^{-4} \text{ kg m}^2$$

を得る．連続した5往復ごとの通過時間 t_n を測定し，(15)式から求めた周期の結果を表1に示す．

表1 測定結果

	T_1 の測定			T_2 の測定		
t_n	通過時間	25往復の時間	t_n	通過時間	25往復の時間
t_1	1分 33.5秒		t_1	0分 52.5秒	
t_2	2　21.9		t_2	1　33.0	
t_3	3　10.8		t_3	2　14.2	
t_4	3　59.0		t_4	2　55.8	
t_5	4　47.4		t_5	3　36.8	
t_6	5　35.5	t_6-t_1　242.0 秒	t_6	4　17.6	t_6-t_1　205.1 秒
t_7	6　24.0	t_7-t_2　242.1	t_7	4　59.0	t_7-t_2　206.0
t_8	7　12.8	t_8-t_3　242.0	t_8	5　39.4	t_8-t_3　205.2
t_9	8　00.8	t_9-t_4　241.8	t_9	6　20.8	t_9-t_4　205.0
t_{10}	8　49.5	$t_{10}-t_5$　242.1	t_{10}	7　02.2	$t_{10}-t_5$　205.4
	平　均　$T_1 = 9.680$ 秒			平　均　$T_2 = 8.214$ 秒	

以上の値を(12)式に代入して
$$G=\frac{8\times 3.142\times 1.370 \text{ m}}{(0.3003\times 10^{-3}\text{ m})^4}\times \frac{(5.792-2.981)\times 10^{-4}\text{ kg m}^2}{(9.680\text{ s})^2-(8.214\text{ s})^2}=4.54\times 10^{10}\text{ N/m}^2$$
を得る．得られた値を理科年表に記載された値と比較する．剛性率は理科年表にはずれ弾性率として与えられている．

質問 1 ねじれ角を大きくしないのはなぜか．

質問 2 いろいろな材質の G の値を調べ，比較せよ．

5 クント*¹ の実験

目 的
気柱の共鳴現象を利用し，金属およびガラスの棒の中を伝わる縦波の速度を測定し，棒のヤング率を求める．

1. 原 理

縦波が一様な長い棒に沿って伝わる速さを考える．図1のように，棒の長さ方向に x 軸をとり，棒の断面積を S，密度を ρ，棒の微小な長さを dx とし，波のない場合の両端面の座標を x, $x+dx$ とする．ある時刻 t に波が伝わってきて，x が ξ, $x+dx$ が $\xi+d\xi$ に変位したとし，そのときの両端面に加わる応力を p, $p+dp$ とする．

長さ dx 部分の質量は $\rho S dx$ であるから，その運動方程式は

$$\rho S dx \frac{\partial^2 \xi}{\partial t^2} = S dp$$

となる．これを整理すると

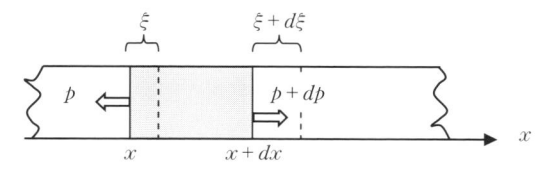

図1 一様な棒を伝わる縦波

---

*¹ August Adolph Kundt（1839-1894）

$$\frac{\partial^2 \xi}{\partial t^2} = \frac{1}{\rho}\frac{\partial p}{\partial x} \tag{1}$$

となる．波の伝播によって dx 部分は

$$d\xi = \left(\frac{\partial \xi}{\partial x}\right)dx$$

だけ伸びており，$(\partial \xi/\partial x)$ は歪みを表す．一方，応力と伸び歪みの関係は

$$p = E\left(\frac{\partial \xi}{\partial x}\right) \tag{2}$$

で与えられるから，（1）式の右辺の偏微分は

$$\left(\frac{\partial p}{\partial x}\right) = \frac{\partial}{\partial x}\left(E\frac{\partial \xi}{\partial x}\right) = E\frac{\partial^2 \xi}{\partial x^2} \tag{3}$$

と変換されるので，（1）式は

$$\frac{\partial^2 \xi}{\partial t^2} = \frac{E}{\rho}\frac{\partial^2 \xi}{\partial x^2}$$

となる．これは，波動方程式の形であり，(E/ρ) は波の伝わる速さ

$$V = \sqrt{\frac{E}{\rho}} \tag{4}$$

に相当する．

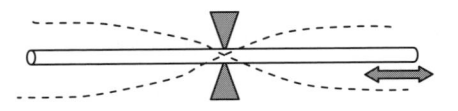

図2 棒の中央を固定したときの定常波

図2のように，長さ L の棒状試料の中点を固定し，一端（図中右端）を棒に沿って摩擦すると，固定された中点は節，両端が腹となる縦振動が生じる．この縦波の波長を $2L$，振動数 ν とすれば，棒中を伝わる縦波の速さ V は

$$V = 2L\nu \tag{5}$$

となる．

この棒の端に，図3のようにコルク栓 A を付け，空気中に置かれた円管の中に差し込み，上に述べたような振動を与えると，棒の縦波の振動が気柱に伝わる．次に先頭にコルク栓 B を付けた棒を円管の左端から挿入し，コルク栓

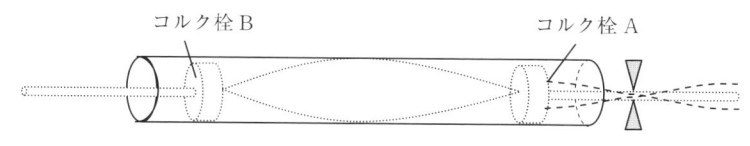

図3 気柱での音の共鳴

Bの位置を左右にゆっくりと調整すると，ある位置で管内に両端を節[*2]とする定常波ができ，振動音が大きく聞こえる．これが気柱を伝わる縦波の共鳴現象である．このときの気柱の振動数は棒の振動数 ν と等しい．気柱の定常波の波長を λ とすると，管内の音速は（5）式より

$$v = \lambda \nu$$

となる．よって，棒中を伝わる波の速さ V は

$$V = \frac{2L}{\lambda} v \tag{6}$$

となる．したがって，棒の長さ L，管内の音速 v，波長 λ を知れば，（4）式より棒のヤング率 E を求めることができる．

$$E = \rho V^2 = \rho \left(\frac{2Lv}{\lambda}\right)^2 \tag{7}$$

2. 実　　験

　図3の気柱に生じる縦波の様子を知るために，管内に乾燥したコルク粉，あるいは微細な発泡スチロール，あるいは霧を入れた状態で気中に縦波を伝え，音が共鳴する条件でそれらの粗密模様を描き，それから波長を計測する方法がある．これをクントの実験という．

　図4は縦波の粗密と横波の変位を対応させ模式的に表したものである．（a）は伝播する空気の密度を表している．（b）はこの変位の大きさを図示したものである．注意するところは，管内に入れた，たとえばコルク粉が空気の縦振動

[*2] 気柱の右端（棒の左端）のコルク栓では厳密には節とはならず，補正が必要となる．

の最も激しい腹の部分から振動の少ない節の部分に掃き寄せられるので，コルク粉が集まって密になる部分と，遠ざかって疎になる部分が交互に現れるという点である．

管内の音速 v は温度によって変化し，$t/℃$ における音速 $v/(\mathrm{m\,s^{-1}})$ は
$$v/(\mathrm{m\,s^{-1}}) = 331.45 + 0.607\, t/℃$$
となることが知られている[*3]．

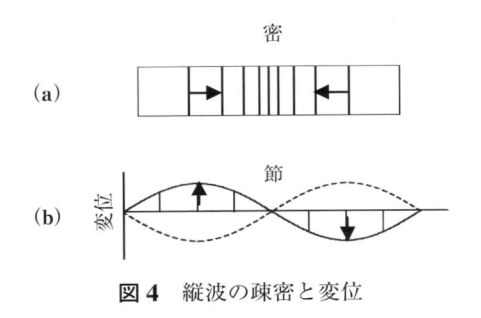

図 4 縦波の疎密と変位

2.1 実験課題

クントの実験より気柱共鳴の波長を計測し，（7）式より棒状試料のヤング率を求める．

2.2 実験装置

ガラス管，ガラス棒，金属棒，万力，温度計，ガーゼ，ゴム栓，コルク栓，コルク粉，アルコール，巻き尺，ドライヤーを用意する．これらを用いて図 5 のように装置を組む．

（1） 棒状試料として，長さ 1 m 以上のガラス棒および金属棒の長さ，直径，質量を測定する．棒の一端にコルク栓を固定する（コルク栓がゆるいときは接着剤で固定する）．

（2） 気柱として，直径 40 mm，長さ 1.50 m ほどのガラス管を用いる．ガ

[*3] 国立天文台編：「理科年表」2021，物 80（446）ページ，丸善出版（2020）．

ラス管が乾燥していない場合は,ガーゼで拭き,ドライヤーで乾かす.

（3） ガラス管に少量の乾燥したコルク粉を入れる.ガラス管を長さ方向に振り,コルク粉を一様に分布させる（粉が盛り上がっていないようにする）.

（4） 棒状試料の中点を,ゴム栓で挟み,万力で棒が水平になるように固定する（万力のねじをペンチで締めないこと）.棒の一端（固定端とする）のコルク栓部分をガラス管の中に 100 mm ほど入れ,棒とガラス管が一直線になるように調整する.ガラス管のもう片端（稼動端とする）にはコルク栓のついた棒を差し込む.固定端となるコルク栓の外形はガラス管の内径よりも 1 mm ほど小さくする.

2.3 実験手順

（1） アルコールを浸したガーゼで棒状試料の中点を均一につかみ,外側に向かってゆっくりと引く.このとき,棒状試料に縦振動が生じ,振動音がする.音が出ている間に,ガラス管内の稼動端の位置を動かし,気柱の共鳴点を探す.共鳴点では,気柱に定常波が生じ,コルク粉が激しく振動し縞模様ができ,ガラス管から発する音が最も大きくなる.図5に共鳴音によって管内に描かれたコルク粉の分布の様子を示す.

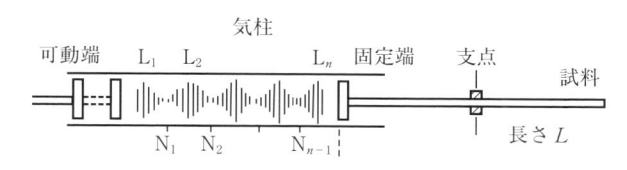

図5 気柱に描かれた共鳴音の波形

（2） 定常波を確認できたら,このコルク粉の縞模様から,腹の位置 L_1,L_2,…,また節の位置 N_1,N_2,…を測定する.ただし,コルク粉は節の部分では動かないで残り,一方,腹の部分では大きく動き,粉は散逸する.気柱の右端のコルク位置は微小な縦振動をしており,正しくは節とはならないので測定から除くこと.

2.4 測定データの整理とヤング率の計算

（1） 測定した腹の数個分についての差をとり，その平均値 L を求める．たとえば，測定値が6個の場合，L_4-L_1 間，L_5-L_2 間，L_6-L_3 間の各距離を求め，この値を平均する．節についても同様にし，平均値 N を求める．さらに L と N の平均値 d を求めると気柱を伝わる音の波長は $\lambda=(2/3)d$ となる．この λ の値から，棒状試料のヤング率 E を求める．測定結果を標準値と比較し，測定値を検討する．

（2） 気体中の音速は，圧力 p，密度 ρ によって決まり

$$v=\sqrt{\frac{\gamma p}{\rho}} \tag{8}$$

である．測定から求めた音速 v より，気体の定圧比熱と定積比熱の比 γ を求めることができる．

（補足） 管内の音速は自由大気に比べわずかに減少する．管が極めて細い場合は補正が必要になる．管の直径を D/m，振動数を ν/s^{-1} とすると，常温での音速 $v'/(\mathrm{m\ s^{-1}})$ は

$$v'/(\mathrm{m\ s^{-1}})=\{v/(\mathrm{m\ s^{-1}})\}\left\{1-\frac{3.1\times 10^{-3}}{(D/\mathrm{m})\times\sqrt{\nu/\mathrm{s}^{-1}}}\right\}$$

とされている．

質問1 測定条件を以下のように変えた場合どうなるか確かめてみること．また，その理由も考察しなさい．

① 棒状試料の支点が中央にない場合，たとえば棒の端から $L/3$ の所を固定した場合どうなるか．またそれ以外の位置ではどうなるか．またその理由を考察しなさい．

② ガラス棒の固定端のコルク栓がゆるい場合，あるいはコルク栓の替わりにゴム栓をつけた場合はどうなるか．

③ 棒状試料を硬く持って摩擦すると音がしない．なぜか．

6 液体の粘性係数

目 的

水中での円板の回転運動を調べ，減衰振動を定量的に扱うことにより水の粘性率を求め，液体の性質を理解する．

1. 原 理

液体（気体）内の任意の1点で，流線に垂直な方向 n に速度勾配 (dv/dn) があるとき，そこに流線に接する微小面 dS を考えれば，その両側の液体（気体）間には内部摩擦力

$$df = -\eta\left(\frac{dv}{dn}\right)dS \tag{1}$$

が作用する．ここで η を粘性率という．このことは液体（気体）を構成する分子（原子）間に相互作用があり，ある点で分子（原子）の流れがその周りの分子（原子）を引きずろうとしているからである．

本実験では，大気中と水中とで同じ円板を水平面内で回転運動させ，粘性によって生じる減衰運動の対数減衰率を測定して水の粘性率を求める．ただし，大気と水の対数減衰率（それぞれ λ_0, λ_w）から水の粘性率 η を求めるには，マイヤー[*1] が $\lambda_w \gg \lambda_0$ の近似解として与えた次式を用いる．

$$\eta = \frac{16I^2}{\pi\rho T(R^4+2R^3\delta)^2}\left\{\frac{\lambda_w-\lambda_0}{2\pi}+\left(\frac{\lambda_w-\lambda_0}{2\pi}\right)^2+\cdots\right\}^2 \tag{2}$$

ここで，I：回転軸周りの円板と付属物（鏡）の慣性モーメント，R：円板の

[*1] Oskar Emil Meyer (1834-1909)

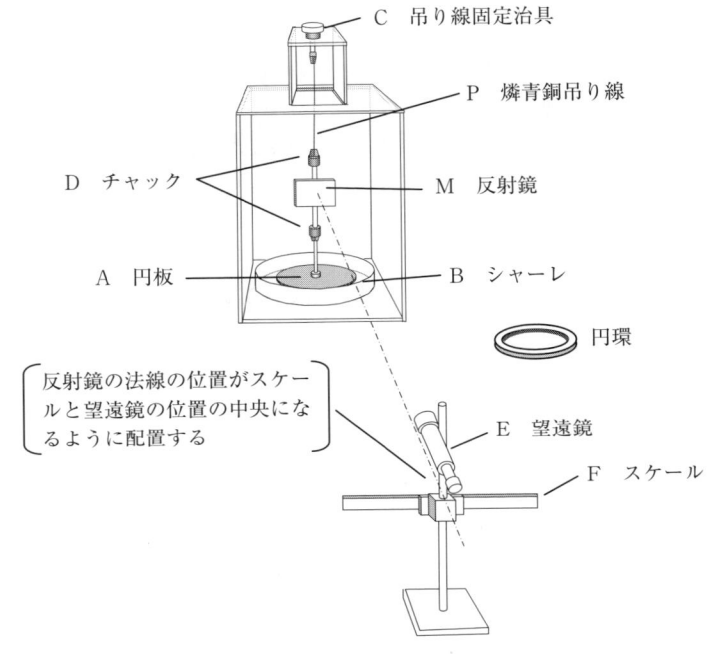

図1 測定装置の概略図

半径，δ：円板の厚さ，T：空気中での円板の回転振動の周期，ρ：水の密度，λ_0：空気中における円板の回転振動の対数減衰率，λ_w：水中における円板の回転振動の対数減衰率，である．

測定装置の概略は図1に示した．燐青銅線Pに吊るされた円板Aが回転振動するときの運動方程式は，回転角をθ，時間をtとして次式で表される．

$$I\frac{d^2\theta}{dt^2}+K\frac{d\theta}{dt}+B\theta=0 \tag{3a}$$

ここで，Iは回転体(円板とその付属品)の慣性モーメント，Kは粘性による摩擦抵抗係数，Bは吊り線のねじれ弾性による復元力のモーメントである．$\gamma=K/2I$，$\omega_0^2=B/I$と置けば，(3a)式は

6 液体の粘性係数 59

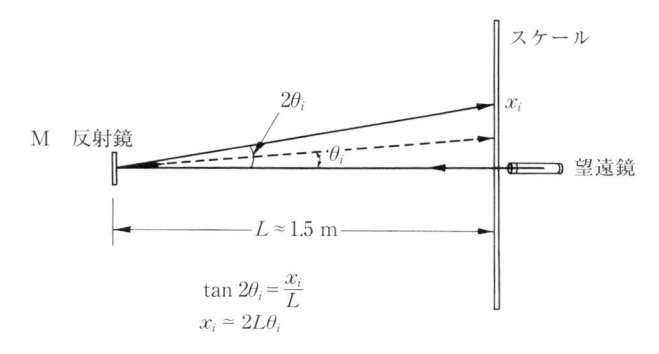

```
                              スケール
          M  反射鏡    2θ_i      x_i
                ┌────────────┐
                │     θ_i    │ 望遠鏡
                └────────────┘
          ├──────── L ≈ 1.5 m ────────┤

          $\tan 2\theta_i = \dfrac{x_i}{L}$
          $x_i \approx 2L\theta_i$
```

図2 円板の回転角とスケール上の目盛の関係

$$\frac{d^2\theta}{dt^2}+2\gamma\frac{d\theta}{dt}+\omega_0^2\theta=0 \tag{3b}$$

となって，その解は

$$\theta(t)=\theta_0 e^{-\gamma t}\sin(\omega t+\alpha) \tag{4}$$

となる．ここで，α は初期位相，角振動数は $\omega=\sqrt{\omega_0^2-\gamma^2}$，周期は

$$T=\frac{2\pi}{\omega}=\frac{2\pi}{\sqrt{\omega_0^2-\gamma^2}}$$

であり，さらに，対数減衰率は

$$\lambda=\gamma T=\frac{2\pi K}{2I\sqrt{\omega_0^2-\gamma^2}} \tag{5}$$

となる．円板の回転角が小さいときは，図2に示すように，θ の代わりに望遠鏡で見るスケールの目盛 x を用いることができる．図3はその変位 x を，初期位相 $\alpha=0$ として表したものである．

スケール上の左右の最大振幅は時間とともに

$$t=\frac{1}{4}T \quad \text{で} \quad a_1=a_0 e^{-\frac{1}{4}\lambda}$$

$$t=\frac{3}{4}T \quad \text{で} \quad a_2=a_0 e^{-\frac{3}{4}\lambda}$$

$$t=\frac{5}{4}T \quad \text{で} \quad a_3=a_0 e^{-\frac{5}{4}\lambda}$$

60 物理学実験—基礎編—

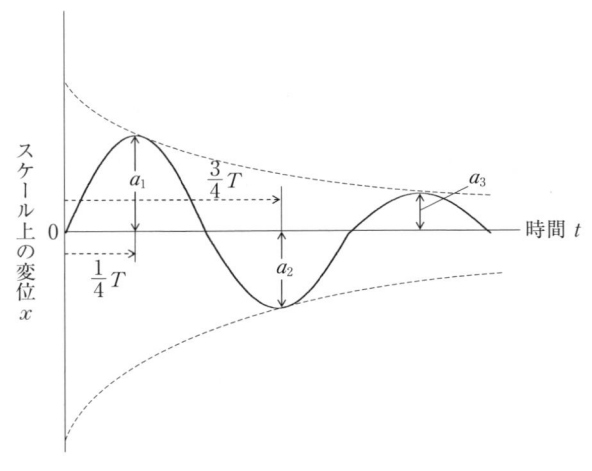

図3 減衰振動

$$t=\frac{2n-1}{4}T \quad \text{で} \quad a_n=a_0e^{-\frac{2n-1}{4}\lambda}$$

と変わる．ところで，スケールの原点（$x=0$）と，振れ角の原点（$\theta=0$）とを完全に一致させることは困難だから，連続した左右の振幅の和をとって整理する．すなわち，個々の和を

$$A_{1,2}=a_1+a_2=a_0e^{-\frac{1}{4}\lambda}(1+e^{-\lambda/2})$$
$$A_{2,3}=a_2+a_3=a_0e^{-\frac{3}{4}\lambda}(1+e^{-\lambda/2})$$
$$\cdots\cdots\cdots\cdots\cdots$$
$$A_{n,n+1}=a_n+a_{n+1}=a_0e^{-\frac{2n-1}{4}\lambda}(1+e^{-\lambda/2})$$

として，一般項の両辺の常用対数（底が10の対数で，電卓やPC（Excel）などではlogの記号を用いるが，底がeである自然対数はlnの記号で表す）をとれば

$$\log(A_{n,n+1})=\log\{a_0(1+e^{-\lambda/2})\}+\frac{0.4343}{4}\lambda-\left(\frac{0.4343}{2}\lambda\right)n$$

となる．これは，縦軸に$\log(A_{n,n+1})$を，横軸にnをとって片対数のグラフに

整理すれば，a_0 と λ は未定であるが定数なので，右辺第 1, 2 項全体として定数と扱える．それゆえ

$$\log(A_{n,n+1}) = (\text{定数}) - 0.2171\lambda n \tag{6}$$

となり，直線関係が得られる．この傾きから対数減衰率 λ を求めることができる．市販の片対数紙を用いるときは縦軸に対数目盛を選び $A_{n,n+1}$ を，横軸に n を対応させて描く．

2. 実　　験

2.1　実験課題

水の粘性率を室温で測定する．

2.2　実験装置

図 1 で示された装置一式を用意する．回転体は風が当たらないように箱に入れてある．実験中，箱にも外から振動が加えられないように十分注意する．まず円板を静止させ，その支柱に取り付けられた鏡 M がほぼ正面を向くようにする．それには吊り線固定治具 C を静かに少しずつ回して，正面の測定位置にいる自分の顔が鏡の中に映るように調節する．次に，反射鏡 M の正面にスケールと望遠鏡付きの物理スタンドを置き，望遠鏡 E とスケール F の位置の中央に鏡の位置がくるように調整する．望遠鏡の角度を決めるときは，初めに望遠鏡の横位置から目線を送り，その位置で鏡の中に像が映るようにスケールの高さを微調整し，次に望遠鏡の角度も目線に沿わせる．最後に，望遠鏡を覗き，鏡から反射するスケールのゼロ位置（中心）が，望遠鏡内の十字線と一致するように固定治具を調整する．

2.3　実験手順

大気中での振動周期 T と慣性モーメント I の測定

大気中では粘性が小さく，(4)，(5)式で $\omega_0^2 \gg \gamma^2$ なので，吊り線を単位角ねじったときの復元力のモーメントを N とすると，周期 T は近似的に

$$T = 2\pi\sqrt{\frac{I}{N}} \qquad (7)$$

となる．この周期 T の値を望遠鏡とスケールを用いて測定する．

次に慣性モーメント I を求めるために，外径が円板と等しく，慣性モーメントが I' である円環(内半径 r_1, 外半径 r_2, 厚さ h)を，中心が一致するように円板上に載せて，回転振動をさせる．そのときの周期を T' とすると

$$T' = 2\pi\sqrt{\frac{I+I'}{N}} \qquad (8)$$

となるから，(7)式と(8)式から次式のように I を得る．

$$I = \frac{T^2}{T'^2 - T^2} I' \qquad (9)$$

ただし，I' は円環の密度を ρ' として

$$I' = 2\pi h \left(\frac{r_2^4 - r_1^4}{4}\right) \rho' \qquad (10)$$

である．円板の半径はノギスで，厚さはマイクロメータで測り，密度は質量と体積から求める．

大気中と水中での対数減衰率 (λ_0, λ_w) の測定

(6)式の関係を用いて測定値を片対数グラフにプロットする．そして，それらの傾きから λ を求める．大気中では，なかなか減衰しないから，$n \approx 40$ ぐらいとするが，水中では $n \approx 20$ でよい．また，水中の測定では，開始前と終了後にはシャーレの中に温度計を入れて温度を読み取る．水の密度はその温度から数表を用いて求める．

2.4 測定データの整理と粘性率の計算

λ_0, λ_w, I, R, δ, T, ρ の各測定値を(2)式に代入し，粘性率 η を求める．数値計算の例を以下に示す．

水温 27.1°C の水道水：

$$\eta \simeq \frac{16 I^2}{\pi \rho T (R^4 + 2R^3 \delta)^2} \left\{ \frac{\lambda_w - \lambda_0}{2\pi} + \left(\frac{\lambda_w - \lambda_0}{2\pi}\right)^2 \right\}^2$$

$$= \frac{16 \times (2.33 \times 10^3 \text{ g cm}^2)^2}{3.142 \times 0.9965 \text{ g cm}^{-3} \times 9.92 \text{ s} \times \{(4.977 \text{ cm})^4 + 2 \times (4.977 \text{ cm})^3 \times 0.321 \text{ cm})^2}$$
$$\times \left\{ \frac{0.2442 - 0.0150}{2 \times 3.142} + \left(\frac{0.2442 - 0.0150}{2 \times 3.142} \right)^2 \right\}^2$$
$$= 8.32 \times 10^{-4} \text{ kg}/(\text{m s})$$

質問 1 (10)式の I' を求める計算式を導きなさい．

質問 2 $L = 1.5$ m とした場合，θ と x が 3 桁以上で比例しなくなる限界の角度($\tan 2\theta / 2\theta < 1.01$ となる最大角度)を求めなさい．

質問 3 室温や水温の違いは結果にどのように現れるかを λ_0, λ_w について考察しなさい．

7 液体の表面張力

目的
ヨリー[*1]のばね秤を用いて水の表面張力を測定し，液体と固体の界面の性質を理解する．

1. 原 理

　液体を構成する分子は，外界と接する界面上で内部の分子とは異なった状態にある．すなわち，内部の分子の周りには同種の分子があって力を及ぼし合っているが，界面上の分子にとっては外界側に力を及ぼし合う相手がない．しかし，その分だけ界面上の分子間では強く相互作用し合い，界面のエネルギーを高くしている．そのため液体は，それ自身で表面をできるだけ小さくしてエネルギーを下げようとする．力学的にはその表面をあたかも弾性膜であるかのように扱うことができる．

　いま静止した液面上に仮想的に線を引いて考えると，その線分を境にして両側の液面は，互いに引き合って平衡状態を保っていると見なせる．したがって，この線分上には，単位長さ当たりの線分に直角な方向に引っ張り合う力が働いていると考えることができる．その力を表面張力といい，γ で表す．

　図1のように，針金の枠 ABCD 上に可動針金 EF を載せ，EBCF の部分に液体の膜を張ると，針金 EF は表面張力のために引かれて，BC の方へ移動しようとする．移動を阻止して釣り合いを保つためには，外から力 f を加える必要がある．この場合，その力 f は液体の表面張力を γ とすれば

[*1] Philipp Gustav von Jolly（1809-1884）

66 物理学実験—基礎編—

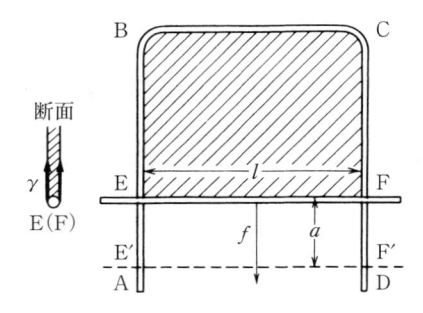

図1 針金枠に張られた液膜

$$f = 2\gamma l \tag{1}$$

でなければならない．ここで，係数が2であるのは図1の断面図からわかるように，可動針金EFが液面の表と裏の2面から張力を受けるからである．したがって，表面張力は

$$\gamma = \frac{f}{2l} \tag{2}$$

となる．図1で，力 f を加えることによって針金EFが a だけ動き，E'F'まで移動して釣り合ったとする．このとき外力のなした仕事 W は fa であるから，(1)式を用いて

$$W = fa = 2\gamma la \tag{3}$$

となる．この移動によって増加した面積 S は $2la$ であるから

$$\frac{W}{S} = \gamma \tag{4}$$

となる．すなわち，単位の表面積をつくる仕事（表面エネルギー）が表面張力にほかならない．

　円環の下端を液体表面に浸して静かに引き上げてゆくと，円環の下部には液柱ができ，さらに引き上げてゆくと液柱は切れて離れる．図2は液柱の高さが h の離れる寸前の様子を描いたものである．ここで円環に作用する力は重力と表面張力，さらに円環の上下面に働く大気圧である．まず，表面張力による合力 f_S は，円環の外半径と内半径を R_1, R_2 とすれば

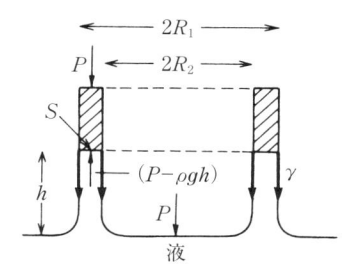

図 2 円環と液柱

$$f_S = 2\pi(R_1 + R_2)\gamma \tag{5}$$

である．次に，円環の上下面積はともに

$$S = \pi(R_1^2 - R_2^2) \tag{6}$$

で，その単位面積には上面で大気圧 P，下面で $P - \rho g h$ の圧力が働く．ただし，ρ は液体の密度，g は重力加速度の大きさである．したがって，これらの圧力による合力 f_P は

$$f_P = \{P - (P - \rho g h)\}S = \pi(R_1^2 - R_2^2)\rho g h \tag{7}$$

となって，これはちょうど盛り上がった液柱部分の重量となる．したがって，円環の自重をのぞき，円環を引き上げるに要する外力 f は，（5）式と（7）式の液柱の重量と表面張力の和で表され

$$f = 2\pi(R_1 + R_2)\gamma + \pi(R_1^2 - R_2^2)\rho g h \tag{8}$$

となる．ゆえに表面張力は

$$\gamma = \frac{f}{2\pi(R_1 + R_2)} - \frac{R_1 - R_2}{2}\rho g h \tag{9}$$

である．

2. 実　　験

2.1 実験課題

ヨリーのばね秤を用いて水の表面張力を測定する．

2.2 実験装置

ヨリーのばね秤を図3に示す．ばね秤の他にシャーレ，分銅，温度計，ノギス，マイクロメータ，水，アセトン，エタノール，キムワイプ，超音波洗浄器を用意する．円環Dをシャーレに入っている液体に浸し，台Eを静かに引き下げていくと，あるところで円環Dが液面から離れる．そのときの液柱の高さを鏡尺度Hにより測定し，液柱の高さなどから液体の表面張力を求める．

2.3 実験手順

（1） 図3に示してあるヨリーのばね秤付属の，円環Dの外径Rをノギスで，厚みdを測定面の一端に半球状の突起がついた専用のマイクロメータで測定する．いずれも円環の全体にわたって数回測定し平均値を求める．測定の際，円環を変形させないよう注意する．

（2） 測定中，試料の水が直接触れるシャーレ，円環をよく洗浄する．まず

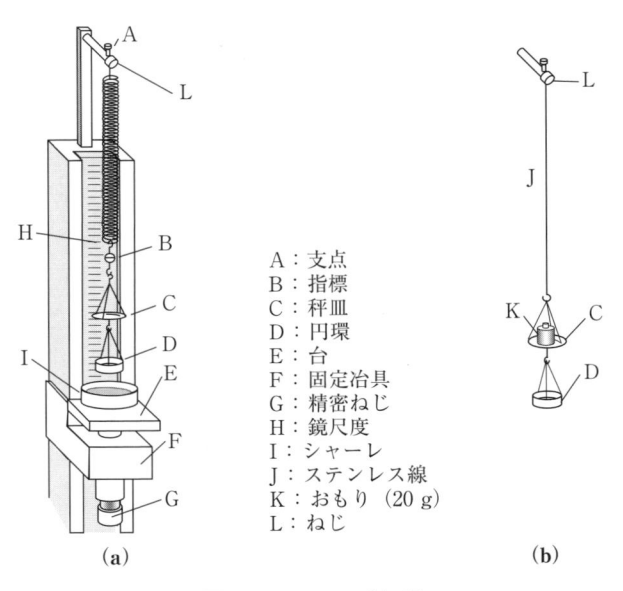

A：支点
B：指標
C：秤皿
D：円環
E：台
F：固定治具
G：精密ねじ
H：鏡尺度
I：シャーレ
J：ステンレス線
K：おもり（20 g）
L：ねじ

(a) (b)

図3 ヨリーのばね秤

使用するシャーレの中央に円環を置き，円環が十分浸るまでシャーレにアセトンを注ぐ．次に，そのシャーレを超音波洗浄容器の中央に置き，その容器に静かに水を注ぐ．水の量はシャーレの縁より少し少なめで止める．洗浄時間は3分とする．温度計はキムワイプなどに浸み込ませたアセトンで拭き取ればよい．

（3）　鏡尺度 H が鉛直になるように三脚台のねじを調節する．図3を参考にしてばね，指標 B，秤皿 C，円環 D をセットする．このとき指標 B が正面を向くように，支点 A のねじ L をゆるめ調整する．

（4）　秤皿 C の上に分銅を 200 mg から 2 g まで1つずつ載せ，荷重とそのときのばねの伸び（指標 B で読む）の関係をグラフに描く．

（5）　ばねの自然長を測定する．指標の位置を鏡の目盛で読み取り，これを H_1 とする．

（6）　シャーレ I に試料の水を入れて台 E に載せる．固定治具 F により台 E の高さを調節し，水面を円環の下面に触れさせる．このまま1分間ほど置き，円環を水になじませる．

（7）　精密ねじ G を回し，台 E をゆっくり下げ，ばねの最大伸長（水が円環から離れる直前の指標 B の位置）を読み，これを H_2 とする．（5）〜（7）を3回繰り返す．ばねの伸びの平均値 $\overline{H}$（$H=H_2-H_1$）を求める．

（8）　求めた値 $\overline{H}$ を（4）で求めたグラフに対応させて f を決定する．

（9）　ばねに替えて添付の細い針金 J（ステンレス線）を，図3(b) のようにセットする．針金の曲がりを矯正するために，20 g の分銅1個を載せる．このとき円環は水面と平行になるように調整すること．

（10）　円環と水面が接触する少し手前まで固定治具 F で高さを調節する．

（11）　精密ねじ G を少しずつ回して台 E を押し上げ，水面と円環を接触させる．このときの精密ねじ G の目盛を読み取り，これを h_1 とする．次に G を逆回転させて台 E をゆっくり下ろし，円環が水面から離れたときの精密ねじ G の値を読み取り h_2 とする．

（12）　上記(10)，(11) の操作を3回繰り返す．

（13）　測定値から，水柱の高さの平均値 $\overline{h}$（$h=h_2-h_1$）を求める．

(14) 水温を測定する．

(15) 温度が $t/℃$ の水の表面張力の信頼し得る値は

$\gamma/(\text{N m}^{-1}) = \{75.680 - 0.138(t/℃) - 0.000356(t/℃)^2 + 0.00000047(t/℃)^3\} \times 10^{-3}$

である．

(16) 次に試料を水からエタノールに替えて同様の実験を行う．

2.4 測定データの整理と表面張力の計算

液体として水を用いた場合の数値計算過程の一例を示す．

（1） おもりとばねの伸びの関係を求める．表 1 および図 4 に測定例をあげる．

表 1 おもりの質量とばねの伸び

質量/kg	ばねの伸び/mm
0.2×10^{-3}	4
0.4	7
0.6	11
0.8	14
1.0	18
1.2	21
1.4	25
1.6	28
1.8	32
2.0	35

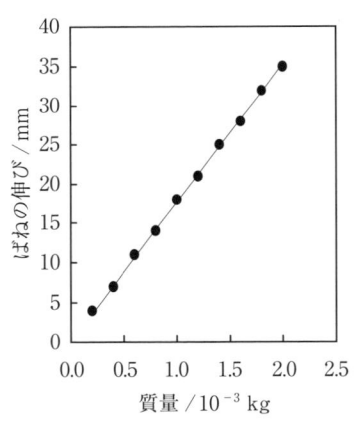

図 4 おもりの質量とばねの伸び

（2） 円環の外半径 R_1，内半径 R_2 の測定（いずれも 3 回測定し，平均値を求める）．

円環の外半径　$\overline{R}_1 = \dfrac{\overline{D}}{2} = \dfrac{19.10 \text{ mm}}{2} = 9.55 \text{ mm} = 9.55 \times 10^{-3} \text{ m}$

円環の厚さ　$\overline{d} = 0.502 \text{ mm} = 0.502 \times 10^{-3} \text{ m}$

円環の内半径　$\overline{R}_2 = \overline{R}_1 - \overline{d} = 9.55 \text{ mm} - 0.502 \text{ mm} = 9.05 \text{ mm} = 9.05 \times 10^{-3} \text{ m}$

（3） 表面張力によるばねの伸び（精密ねじによる 3 回の測定値の平均）．

7 液体の表面張力　71

表2 表面張力によるばねの伸び H

回数	伸び/mm
1	17.78
2	17.85
3	17.81
平均	17.81

$H = 17.81 \times 10^{-3}$ m

図4で求めたおもりとばねの伸びの関係から，この伸びに相当する力は，$m = 1.02 \times 10^{-3}$ kg のおもりを載せたときにばねにかかる荷重に等しいことがわかる．

（4） 液柱の高さ h の測定．

表3 液柱の高さ

回数	高さ/mm
1	5.16
2	5.20
3	5.23
平均	5.20

$h = 5.20 \times 10^{-3}$ m

（5） このとき水温が24.0℃であったとすると，水の密度は，理科年表から
$$\rho = 0.9973 \text{ g/cm}^3 = 0.9973 \times 10^3 \text{ kg/m}^3$$
である．

（6） 以上の結果から表面張力を計算すると次のようになる[*2]．

$$\gamma = \frac{mg}{2\pi(R_1 + R_2)} - \frac{R_1 - R_2}{2}\rho g h = \frac{mg}{2\pi(R_1 + R_2)} - \frac{d}{2}\rho g h$$

$$= \frac{1.02 \times 10^{-3} \text{ kg} \times 9.80 \text{ m s}^{-2}}{2 \times 3.14 \times (9.55 + 9.05) \times 10^{-3} \text{ m}}$$

[*2] $R_1 - R_2$ については測定の精度を保つために $R_1 - R_2 = R_1 - (R_1 - d) = d$ の関係を用いている．

$$-\frac{0.502\times 10^{-3}\,\mathrm{m}}{2}\times 0.997\times 10^{3}\,\mathrm{kg\,m^{-3}}\times 9.80\,\mathrm{m\,s^{-2}}\times 5.20\times 10^{-3}\,\mathrm{m}$$
$$=72.8\times 10^{-3}\,\mathrm{N/m}$$

例に従って，測定データを基に水とエタノールの表面張力を求める．

質問 1 実生活で表面張力を利用している例をいくつかあげて考察しなさい．

質問 2 しゃぼん玉の内部圧力はどうなっているか考えてみなさい．

8 固体の比熱

目 的

混合法を用いて，金属（Al，Cu）試料の熱容量を測定し，試料の比熱を求める．

1. 原 理

ある固体の温度を ΔT 上昇させるのに必要な熱量を ΔQ とするとき

$$W = \frac{\Delta Q}{\Delta T} \tag{1}$$

を，その固体の熱容量という．また熱量は，固体の質量 m に比例し，

$$\Delta Q = mc\Delta T \tag{2}$$

と表される．ここで，c は単位質量の固体を単位温度上昇させるのに必要な熱量を指し，比熱という．

質量 m の固体を温度 T に加熱した後，温度 t の質量 m_0 の水の中に投入し，水を手早く攪拌すると，固体から水へ熱の移動が起こり，やがて固体と水の温度が同じ（熱平衡状態）になる．このときの温度を θ とすると，この過程で，固体の失った熱量は水の得た熱量と等しくなるから，水の比熱を c_0 とすると

$$mc(T-\theta) = m_0 c_0 (\theta - t) \tag{3}$$

と表される．混合法による固体の比熱測定では，(3)式に従って固体の比熱 c を求める．

2. 実　　験

（3）式に従い，混合法によって固体の比熱を測定する．実際の測定では，水の他に，銅容器，攪拌棒，温度計などの熱容量もあるので，熱を受け取る側として，それらの合計を考えなければならない．そこで，固体の比熱を c，質量を m とし，水，銅容器などの，考慮すべき物質の各々の質量と比熱を m_i, c_i $(i=0, 1, 2, \cdots, n)$ として

$$mc(T-\theta) = \sum_{i=0}^{n} m_i c_i (\theta - t) \tag{4}$$

となる．すなわち，容器，攪拌棒などの比熱と質量を知っていれば，固体の比熱 c が求められる．このような方法で求められる比熱は θ と T の範囲の平均比熱となっている．

補足：この実験では用いている水の量に比べ温度計の体積は微小なので，その熱容量は無視する．

2.1　実験課題

混合法により Al, Cu の比熱を求める．

2.2　実験装置

図1に装置の概略図を示す．全体はボイラー部と測定装置部で構成されている．左側のボイラーは加熱用蒸気の発生装置であり，右側が測定装置である．測定装置は，さらに遮蔽板を挟んで熱量計（図の右側）と加熱器（図1の中央）に分けられる．加熱器では，ボイラーで熱せられた水蒸気が加熱器の上の吸気口から下の排気口に向かって通り，内部に吊るした試料が加熱される．熱量計の内部には水を入れる銅容器があり，熱電対（温度計）T_1 が付随している．熱電対はデジタルメータに接続されており，連続的に温度の計測をすることができる．

8 固体の比熱 75

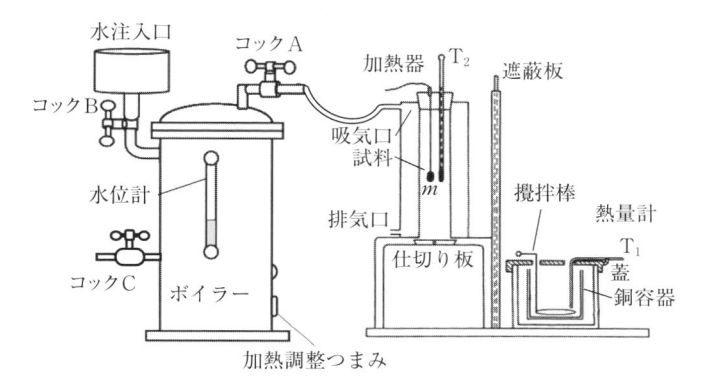

図1 ボイラーと比熱測定装置

2.3 実験手順

（1） はじめに，加熱器内に溜まっている水を抜く．次に上のボイラーコックA，Bを開き，下のコックCを閉じる．加熱によって発生する蒸気の通路がコックAを通り排気口まで塞がれていないことを確認する．水位計で水量を確認しながらボイラーに2/3以上の水を入れ，コックBを閉じる．実験中，水位が減少していくので，水位が赤線以下にならないように確認すること．

（2） 試料（質量m）を糸で結び加熱器の中に吊るし，糸をゴム栓で固定する．このとき，試料の高さと温度計T_2の先端部分が同じ高さになるように，前もって糸に印をつけておくとよい．

（3） 熱量計の銅容器（メッキがしてある）の質量を計測したのち，容器に水を80%くらい入れ，再び質量を計測する．さらに，撹拌棒の質量も測っておく．熱電対の先端が水の中ほどの高さになるように調整する．熱電対は機械的な力に弱いので取り扱いに注意すること．

（4） 加熱器に水蒸気を送り，試料を加熱する．加熱後30分程で，試料の温度は95-98℃くらいで一定になる．温度の上昇過程を5分ごとに読み，温度上昇の様子をグラフにし，到達温度Tを読み取る．

（5） 銅容器に入れた水を撹拌棒でよく撹拌し，試料投入前の水の温度t

を熱電対 T_1 で数回測る．

（6） 熱量計の蓋と熱電対 T_1 を外し，遮蔽板を上げ，熱量計全体を加熱器の下へ入れる．次に加熱器の仕切り板を引き，加熱器上部で，試料を止めているゴム栓を抜いて，試料を熱量計の水中に落とす．その後素早く熱量計を引き出し，蓋と熱電対 T_1 をつけ，水を攪拌しながら数秒ごとに温度を測定する．この間の操作は手順よく素早く行うこと．

2.4 測定データの整理と比熱の計算

（1） 試料落下後，1～2分程度で熱平衡状態に達する．落下直後の時刻を0秒とし，時間 τ と温度 t の関係を図にまとめ，到達温度 θ を求める．

（2） 容器，攪拌棒は銅製である．水と銅の比熱は理科年表などで調べ，測定で得られた温度 T, t, θ から試料の比熱 c を求める．

質問1 求めた試料の比熱を標準値と比較・検討しなさい．

質問2 実験で得られた各試料の時間-温度のグラフを描き，試料による違いを考察しなさい．

質問3 各々の試料について求めた比熱の値をモル比熱に換算し，比較考察しなさい．また，比熱の物理的機構について調べ，検討しなさい．

質問4 熱量計からの熱の出入りは，大きな誤差の原因となる．これを少なくする1つの方法として，水の初めの温度 t を室温 t_0 よりも低くしておく．この差 t_0-t が，熱平衡温度 θ と室温 t_0 の差 $\theta-t_0$ と等しくなるように t の値を決めておく．このようにすると，周囲との熱交換による影響をある程度相殺できる．本実験では，$t_0-t=0.5$-0.7℃にすればよい．その他，不確かさの要因について検討しなさい．

9 電流による熱の仕事当量

目的

水熱量計の中に発熱抵抗体を入れ，それに電流を流してジュール熱を発生させ，水に電気エネルギー W をあたえる．その結果として水が得た熱エネルギーを，水の温度上昇から熱量 Q として求める．このエネルギーの受け渡し過程で，熱力学の第一法則（エネルギー保存則）が成立し，さらに，電気的仕事と水の得た熱量とは，ともに同等な物理的作用を与えるものとして，両者の比で定められる

$$\text{熱の仕事当量} \quad \chi = \frac{W}{Q}$$

を求める（熱の仕事当量は，一般に J と書かれるが，エネルギーの単位ジュールや，電流密度の表示と混乱するので，ここでは χ を使って表す）．

1. 原 理

熱量を表す単位であるカロリー cal は，"国際単位系"では使用が推奨されていない．その理由は，熱量は物理的に仕事と同等であり，使用上での重複による混乱を避け，また，単位の唯一性を重視するからである．しかしもっと大きい理由は，カロリーの定義に，根本的なあいまいさが常にあるからである．後述するように，カロリー cal は水の定圧比熱 $c_P(T)$ を使って定められるため，その温度依存性を考えると，何℃での値を使って定義するかの任意性が生じてしまう．

とはいえ，実社会ではこの単位は，燃料（石炭，石油，ガス）のエネルギーや栄養学上の摂取エネルギーなどの表現において，欠かせない単位として広く使われている．人体はもちろんのこと，あらゆる生命体が，水を媒体としてつくられていることを考慮すれば，水（液体）の基本的性質を熱量の単位と関連

づけて用いることは，単位の厳密性とは別に大きな意義を持っている．

2. 実　　験

2.1 実験課題

ジュール熱により水の温度を上昇させ，熱の仕事当量を求める．

2.2 実験装置

図1は，実験で使用する装置とその配置を示す概略図である．水熱量計は，外枠が木製の箱Fの中に納まっていて，水を入れる銅製の円筒容器Dと，それを取りまくコルク製の円筒断熱壁Hとからできている．熱量計の蓋Gには，電極端子P，Qが取り付けられ，その先にはスパイラル状のニクロム線抵抗体Rがつながっている．さらに，蓋の中央部に，温度計Tをさし込む穴があり，中心からはずれた位置に，水の攪拌器Sを通す穴があけられている．電極端子P，Qには，外部電源Bから制御された直流電流IがスイッチSWを通して流される．その電流値は電流計Aで読み取り，また，PQ間の電位差は電圧計Vで測定するようになっている．電源としては，電池電源Eと摺動抵抗r

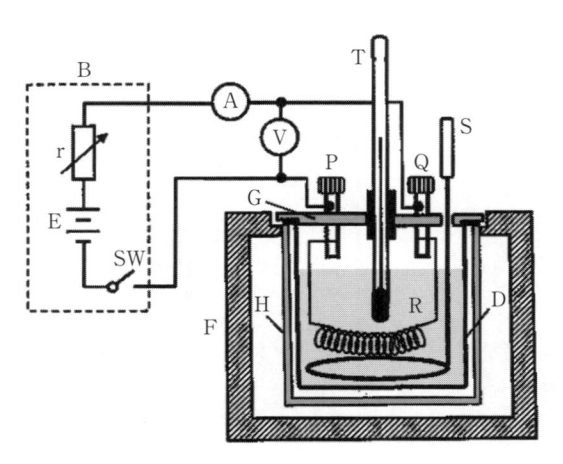

図1 水熱量計

とを直列に組み合わせたものか（図中のもの），あるいは市販の直流電源装置（0-15 V，0-3 A 程度）を使用する．

抵抗体の両端に電圧 V を与え電流 I が流れたとすると，ジュールの法則から抵抗体には仕事率

$$P(t) = VI \tag{1}$$

の熱エネルギーが発生する．したがって，熱量計の水の中で t 秒間この状態を持続すれば，水に供給される全エネルギーは

$$W = Pt = VIt \tag{2}$$

となる．その結果，水分子の運動エネルギーは高まり，水の内部エネルギー，すなわち熱量は増えて，その分が温度上昇として観測される．今，時刻 t_1 で電流を流し始め，そのときの水の温度が θ_1 であったとする．それから時間をおいて，時刻 t_2 で電流の供給を終え，そのときの水の温度を θ_2 とすると，この間に水が得た熱量は

$$Q = cm(\theta_2 - \theta_1) \tag{3}$$

である．ここで，m は水の質量，c は外気圧 1 atm のときの水の定圧比熱である．抵抗線から供給された電気エネルギーは

$$W = VI(t_2 - t_1) \tag{4}$$

であるから，熱の仕事当量は

$$\chi = \frac{W}{Q} = \frac{VI(t_2 - t_1)}{cm(\theta_2 - \theta_1)} \tag{5}$$

として求められる．

ところで，図1からわかるように，実際の熱量計では電気エネルギーを受け取る物体は，水以外に，①水を入れる銅製容器，②水の撹拌器，③発熱抵抗体と電極（P, Q），および④温度計が考えられる．これらの水当量[*1] を，それぞ

[*1] 例えばある物体の熱容量が 10 cal ℃$^{-1}$ であるとすると，これを水の比熱 $c \approx 1$ cal/(g ℃) で割れば 10 g となる．すなわち，熱容量が 10 cal ℃$^{-1}$ の物体は，質量 10 g の水と同等である．この物体と 10 g の水に同じ熱量を与えたとき，両者は同じ温度変化をする．そこで，熱容量に質量の単位 g を付けて，それを物体の水当量という．

れ w_1, w_2, w_3, w_4 とし，その総和を $w = \sum_{i=1}^{4} w_i$ で表すと，(5)式は次式に書き変えられる．

$$\chi = \frac{VI(t_2-t_1)}{c(m+w)(\theta_2-\theta_1)} \qquad (6)$$

ここで，c は単位として"カロリー"[*2] を使った水の定圧比熱で，ここでは $c = 1\,\mathrm{cal}/(\mathrm{g\,℃})$ として扱う．

2.3 実験手順

(1) 銅容器の質量を m_c，攪拌器の質量を m_s，電熱線（抵抗線）と電極の質量を m_R とし，これら各々の質量を 0.1 g の精度まで測定する．測定後はもとのように組み立てておく．

(2) 銅容器に電熱線が十分没する程度に水を入れる．そして入れた水と容器の質量 m_y を測る．次に m_y より m_c を差し引いて水の質量 m を求める．

(3) 電気回路を図1のように配線する．

(4) 電源Bのスイッチを入れ，抵抗器を調整して電流が1A程度流れるように調整する．電源回路が定電流回路であると，電圧計の読みが多少変動する．このときは電圧の平均値を採用する．この作業は水温を高めすぎないために手早く行う．

(5) 調整が済んだら一度電源スイッチをOFFにし，水をゆっくりと，十分に攪拌する（1分ごとに数回温度計を読み，水温を記録する．測定開始前の水の温度が室温より 2-3 ℃ 低いほうがよい）．

[*2] 一般に広く使われる"カロリー"という単位は"15°カロリー"で，これは外気圧 1 atm のもとで，1 g の純水を，温度 14.5 ℃ から 15.5 ℃ まで 1 ℃ だけ高めるのに必要な熱量として便宜的に定められている．この他に，外気圧 1 atm のもとで，1 g の純水を，0 ℃ から 100 ℃ まで高めるのに必要な熱量の 1/100 を単位とする"カロリー"がある．これは"平均カロリー"と呼ばれ，1 平均 cal = 4.190 J に相当し，栄養学で使われるのはこの単位であるが，さらにそれを 1000 倍した kcal もよく使われる．これを"大カロリー"とも呼び，記号では Cal と表している．

（6） 測定はスイッチを ON にし，同時にストップウォッチを押して開始する．このときの電流，電圧を記録する．蓋に水が付かないように，ゆっくり絶えまなく撹拌する．

（7） それ以後は，30秒～1分間隔で電流，電圧を記録していく．

（8） 測定は初めの温度 T_1 から5℃程度上昇したところで電源のスイッチを OFF にし，ストップウォッチを止め，その時刻を記録して終了する（室温より 2, 3℃低い温度から測定を始め，2, 3℃高くなったとき測定を止めると，熱量計と外部との熱の出入により生じる誤差を小さくできる）．

（9） スイッチを切っても水温は時間と共にわずかではあるが上昇を続ける．この水温を温度計で計る場合，温度計の表示は実際の水温の上昇速度に追従できず，多少低い温度を表示している．そこで引続き30秒～1分ごとに温度計の指示を読み続ける．そして最高温度を表示したら，数回その値を読み取り，測定を終了する．

（10） 測定が終わったら，水面の位置に相当する温度計の目盛を読み取り，それと同じ目盛まで水の入ったメスシリンダーに温度計を沈めて，この水位の変化から，熱量計中の水面下にあった温度計の体積 v_T を求めておく．ガラスと水銀の密度 ρ_{glass}, ρ_{Hg} および比熱 c_{glass}, c_{Hg} の間には

$$\rho_{Hg} \cdot c_{Hg} \approx \rho_{glass} \cdot c_{glass} \approx 0.45 \text{ cal}/(\text{cm}^3 \text{℃}) \qquad (7)$$

の関係があるので，温度計の水当量は $0.45v_T$ として求められる．

2.4 測定データの整理と仕事当量の計算

測定結果を図2に示す．

それぞれの測定値を表2にまとめる．

（7）式の関係より，温度計の水中部分 v_T の水当量は $0.45v_T$ である．銅容器，撹拌器，抵抗線と端子各々の材質の比熱を c_c, c_s, c_R とすれば，水熱量計全体の水当量 w は

$$w = m_c c_c + m_s c_s + m_R c_R + 0.45 v_T$$

で与えられる．

測定条件に伴う値を次に示す．

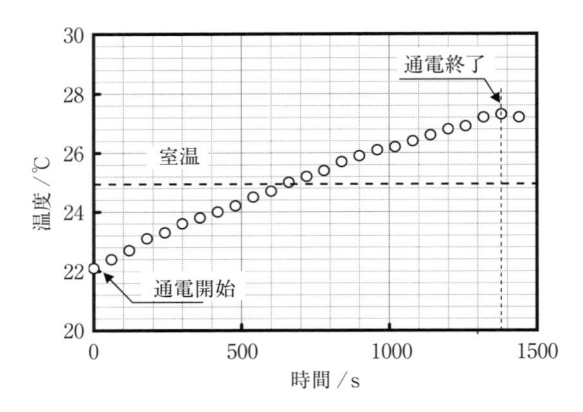

図2 測定時間の経過と水温の上昇

表2 熱容量計算に必要な基礎データ

	質量/g	比熱/cal g^{-1}℃$^{-1}$	水当量/g
銅容器	103.8	0.0919	9.54
攪拌器	8.5	0.0919	0.78
抵抗線	0.63	0.106	0.06
温度計の水中分	2.18 (2.18 cm^3)	0.45	0.98

計 $11.36 \approx 11.4$

表3 水の定圧比熱 c_P/J K^{-1} g^{-1}

t/℃	0	1	2	3	4	5	6	7	8	9
0	4.2174	4.2138	4.2104	4.2074	4.2045	4.2019	4.1996	4.1974	4.1954	4.1936
10	4.1919	4.1904	4.1890	4.1877	4.1866	4.1855	4.1846	4.1837	4.1829	4.1822
20	4.1816	4.1810	4.1805	4.1801	4.1797	4.1793	4.1790	4.1787	4.1785	4.1783
30	4.1782	4.1781	4.1780	4.1780	4.1779	4.1779	4.1780	4.1780	4.1781	4.1782
40	4.1783	4.1784	4.1786	4.1788	4.1789	4.1792	4.1794	4.1796	4.1799	4.1801
50	4.1804	4.1807	4.1811	4.1814	4.1817	4.1821	4.1825	4.1829	4.1833	4.1837

水の質量	$m = 287.2$ g	通電時間	$t = 1370$ s
測定開始時の水温	$\theta_1 = 22.3$ ℃	測定終了時の水温	$\theta_2 = 27.2$ ℃
電圧計の読みの平均	$V = 4.5$ V	電流計の読み	$I = 1.0$ A

以上の値を使い，(6)式に従って仕事当量を計算する．

$$\chi = \frac{VIt}{c(w+m)(\theta_2 - \theta_1)} = \frac{4.50 \text{ V} \times 1.00 \text{ A} \times 1370 \text{ s}}{1 \text{ cal g}^{-1} \text{℃}^{-1} \times (11.4 \text{ g} + 287.2 \text{ g})(27.2 \text{℃} - 22.3 \text{℃})}$$

$$= 4.21 \text{ J/cal}$$

このときの室温は25℃である．

表3には水の定圧比熱 c_P の温度変化の一部を示す．

質問1 表3の値と測定値を比較して考察をしなさい．

質問2 図2に示されるように，測定値はわずかに上に凸の曲線を描く．この要因について考察しなさい．

質問3 注[*1]を参考にして，水当量の意味を理解しなさい．

質問4 注[*2]を参考にして，日常生活の中で使っている cal, Cal の意味を理解しなさい．

10 熱電対の基礎的性質

目 的
Fe と Cu を接合してつくった熱電対の，熱起電力と温度との関係を求め，その中立温度を決めるとともに，熱起電力の温度係数を決定する．

1. 原　理

2種類の金属 A，B を図1のように2箇所で接合し，それぞれの接点の温度を異なる温度 t_0，t_1 ($t_0 < t_1$) に保つと，回路に電流が流れる．これは回路に起電力が生じたためである．この起電力を熱起電力，流れる電流を熱電流と呼ぶ．この現象はゼーベック[*1]が発見したもので，ゼーベック効果とも呼ぶ．熱電流を生じる2つの金属の組み合わせを熱電対（thermocouple）と呼ぶ．

次に熱起電力の発生する原理を考えよう．ある金属 M に温度勾配があると熱の流れが生じ，熱の流れによって電荷の流れが誘起される．この現象は金属

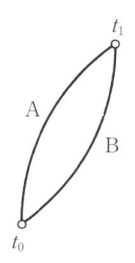

図1 熱電対

[*1] Thomas Johann Seebeck (1770–1831)

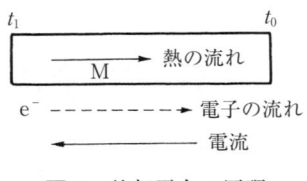

図2 熱起電力の原理

の自由電子の運動を考えて定性的に説明できる．図2で金属Mの両端の温度を t_0, t_1 に保つとする．高温部 (t_1) では自由電子の運動が激しく，低温部 (t_0) ではそれほど活発ではない．その結果，高温部から低温部へ向かって自由電子の流れが生じる．これが熱電流を生じる機構である．もちろんこの場合，電子の電荷は負であるから熱電流は低温部から高温部へと流れることになる．自由電子の移動により，低温部は電子密度が大きくなり電気的に負に帯電し，高温部では電子密度が小さくなり正に帯電する．すなわち分極が生じる．このような分極が起こると，高温部と低温部の間に電場 E が発生する．E は，金属に沿って x 軸をとった場合，両端の電位差を V_M とすれば

$$E = -\frac{dV_M}{dx} \tag{1}$$

となり，高温部から低温部へ流れる電子に対して逆方向の力

$$F = -eE = e\frac{dV_M}{dx} \tag{2}$$

を及ぼす（e は電子の電荷）．したがって平衡状態ではこの電気的力と熱的力が釣り合って

$$\frac{dV_M}{dx} = P(t)\frac{dt}{dx} \tag{3a}$$

あるいは

$$dV_M = P(t)dt \tag{3b}$$

となる．ここで，t は温度であり，$P(t)$ は熱電能（thermo-electric power）と呼ばれる．$P(t)$ は金属の種類で異なり，通常

$$P(t) = \alpha_M + \beta_M t \tag{4}$$

のように，温度の1次式で表される．ただし α_M, β_M は金属 M に固有の定数である．（4）式を温度について t_0 から t_1 まで積分し

$$\varepsilon_M = \int_{t_0}^{t_1} P(t)dt = \alpha_M(t_1-t_0) + \frac{1}{2}\beta_M(t_1^2-t_0^2) \tag{5}$$

とするとき，（5）式の ε_M を熱起電力（thermo-electromotive force）という．ε_M は(3b)式より

$$\varepsilon_M = V_M(t_1) - V_M(t_0) \tag{6}$$

とも表される．

実際にこの起電力を測定するには，図3のように，他の金属をプローブ（探針）としてその両端に接触させなければならない．すると接触した金属それ自身にも熱起電力が生じ，測定した電位差の中に含まれてくる．そこで，一般には熱電能が小さく，かつ，絶対熱電能がすでに測られている鉛（Pb）を基準として，それに対する起電力 $\varepsilon_{M,Pb}$ を測定する．

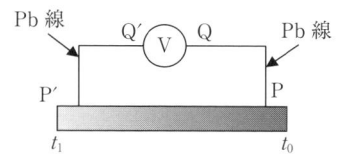

図3 電圧計に Pb の探針をつけ，電位差を測定する

そのときの起電力は

$$V(Q') - V(Q) = \int_{P'}^{Q'} P_{Pb}(t)dt + \int_{P}^{P'} P_M(t)dt + \int_{Q}^{P} P_{Pb}(t)dt$$
$$= \varepsilon_{Pb}(t_{Q'}) - \varepsilon_{Pb}(t_{P'}) + \varepsilon_M(t_{P'}) - \varepsilon_M(t_P) + \varepsilon_{Pb}(t_P) - \varepsilon_{Pb}(t_Q) \tag{7}$$

と表される．ここで，電圧計を挟む左右の温度が等しく，$t_Q = t_{Q'}$ であるとすると

$$V(Q') - V(Q) = \varepsilon_M(t_{P'}) - \varepsilon_M(t_P) - [\varepsilon_{Pb}(t_{P'}) - \varepsilon_{Pb}(t_P)]$$
$$= \alpha_M(t_{P'}-t_P) + \frac{1}{2}\beta_M(t_{P'}^2-t_P^2) - \left[\alpha_{Pb}(t_{P'}-t_P) + \frac{1}{2}\beta_{Pb}(t_{P'}^2-t_P^2)\right]$$
$$= (\alpha_M - \alpha_{Pb})(t_{P'}-t_P) + \frac{1}{2}(\beta_M - \beta_{Pb})(t_{P'}^2-t_P^2) \tag{8}$$

結果を図2に対応させると，$t_\mathrm{P}=t_0$, $t_{\mathrm{P}'}=t_1$ であるから

$$V(\mathrm{Q}')-V(\mathrm{Q})=\varepsilon_{\mathrm{M,Pb}}=(\alpha_\mathrm{M}-\alpha_\mathrm{Pb})(t_1-t_0)+\frac{1}{2}(\beta_\mathrm{M}-\beta_\mathrm{Pb})(t_1^2-t_0^2) \tag{9}$$

と表せる．熱起電力の基準接点に氷の1気圧における融解点を使うと（この場合を冷接点という），$t_0=0\,°\mathrm{C}$ となるから，（9）式において $t_1=t$, $\varepsilon_{\mathrm{M,Pb}}=\varepsilon$, $\alpha_\mathrm{M}-\alpha_\mathrm{Pb}=\alpha$, $\beta_\mathrm{M}-\beta_\mathrm{Pb}=\beta$ と簡略化すれば

$$\varepsilon=\alpha t+\frac{1}{2}\beta t^2 \tag{10}$$

となる．ここで，α，β は2つの金属に関係する定数となっていることに注意する．

次に，熱起電力と熱電能の関係をグラフの上で考えよう．（7）式の ε と t の関係は図4(a)に示すように放物線となる．また熱電能は（4）式で表され，図4(b)に示すような直線関係となる．また，（4），（5）式でわかるように熱電能と熱起電力の間には $P=d\varepsilon/dt$ の関係がある．

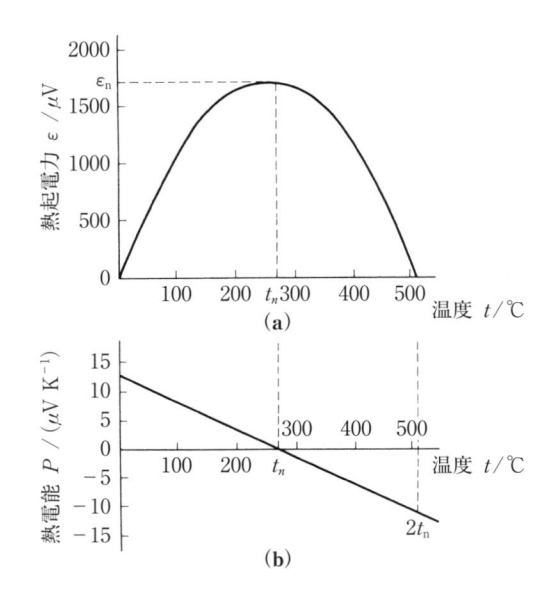

図4 (a)熱起電力と温度，(b)熱電図
（熱電能と温度の関係を示す）

図 4(b) を熱電図 (thermo-electric diagram) と呼ぶ．(10)式より $d\varepsilon/dt=0$ のときの t の値 $t_n=-(\alpha/\beta)$ と，それに対応する熱起電力 $\varepsilon_n=-(\alpha^2/2\beta)$ が得られ，これより α, β は ε_n と t_n を用いて

$$\alpha=\frac{2\varepsilon_n}{t_n}, \quad \beta=-\frac{2\varepsilon_n}{t_n^2} \tag{11}$$

と表せる．ここで，t_n をその熱電対の中立温度 (neutral temperature) という．熱起電力 ε は $t=t_n$ で極大値 ε_n をとり，$t=0$ および $2t_n$ で 0 となる．図 4(a) から t_n および ε_n が求まれば，熱起電力の温度係数 α, β を決めることができる．$2t_n$ を超えると熱起電力は逆転する．この現象を熱電逆変 (thermoelectric inversion) といい，この温度 $2t_n$ を逆変温度 (inversion temperature) という．

実際の温度測定に用いる熱電対では，t_n 付近を用いると不便である．たとえば，よく用いられている Pt-Pt·Rh の熱電対では，0-1600 ℃ 間で熱電能がほぼ直線的で

$$P/(\mu\text{V K}^{-1}) \simeq 4.3+0.0088(t/℃) \tag{12}$$

となっている．したがって，これを温度について積分して得られる熱起電力は

$$\varepsilon/\mu\text{V} \simeq 4.3(t/℃)+0.0044(t/℃)^2 \tag{13}$$

となり，t^2 の係数が非常に小さい．そのため熱起電力はほぼ直線的に変化し，有効な熱電対となる．

図 5 は Pb に対する代表的な金属の熱電能を示す．任意の 2 つの金属 A, B 間の熱起電力を ε_{AB} で表せば

$$\varepsilon_{AB}=-\varepsilon_{BA} \tag{14a}$$

$$\varepsilon_{AB}=\varepsilon_{AC}+\varepsilon_{CB} \tag{14b}$$

であるから，図 5 より Pb に対する Fe または Cu の熱電図を調べると Fe-Cu 熱電対の性質がわかる．

実際の熱電対の起電力の測定方法は，図 6 に示すように 2 種類考えられるが，図 6(a) は測定器の両端で温度差を生じるおそれがある．一方，図 6(b) は熱電対の他に金属 M が結線されるが，A-M, M-B 間の接点を t_0 と同一の温度に保てば，(14b)式より起電力は打ち消されるので，問題にならない．ここでは図 6(b) の方法を用いて測定を行う．

90 物理学実験―基礎編―

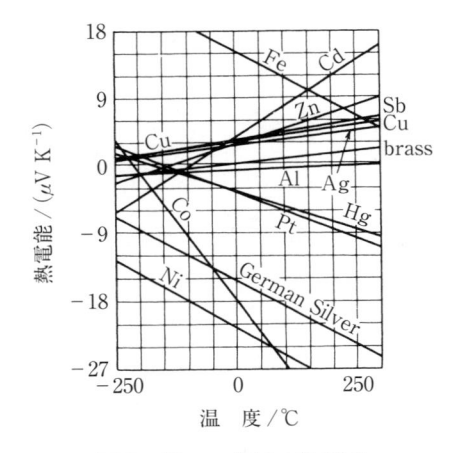

図5 種々の金属の熱電図

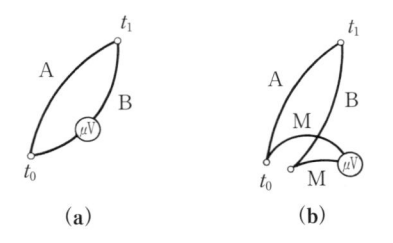

図6 熱電対の測定方法

2. 実　　験

2.1 実験課題

Fe-Cu 熱電対の持つ熱起電力の温度係数 α, β を決定する．

2.2 実験装置

図7は実験装置を示す．装置は電気炉，スライダック，デジタルボルトメータ (DVM)，アルメル-クロメル熱電対，Fe-Cu 熱電対，デュワーびん，アルミ

ブロックからなる．

2.3 実験手順

（1）2個のデュワーびんの中に氷と水を入れる（水の氷点をつくる）．

（2）図7のスライダックを0にし，AC100Vのスイッチ K を入れ，スライダックを回し，電気炉（F）に電流2.2 A を流して炉内の温度を上昇させる（あらかじめ標準熱起電力表（装置に添付）より，5度あるいは10度おきに測定する起電力を選びだしておく）．

（3）デジタルボルトメータ（DVM）の切り換えスイッチ S をアルメル-クロメル（AC）熱電対側にして温度変化を注視し，測定温度になったらスイッチ S を手早く Fe-Cu 熱電対側に切り換えて起電力を測定し，再びスイッチをもとにもどす．

（4）次の測定温度になったら同様に起電力を測定する．

（5）（2）～（4）の操作を繰り返し，温度に対する起電力を測定する．測定と同時に図4(a)，(b)を参考にしてグラフを描いていく．

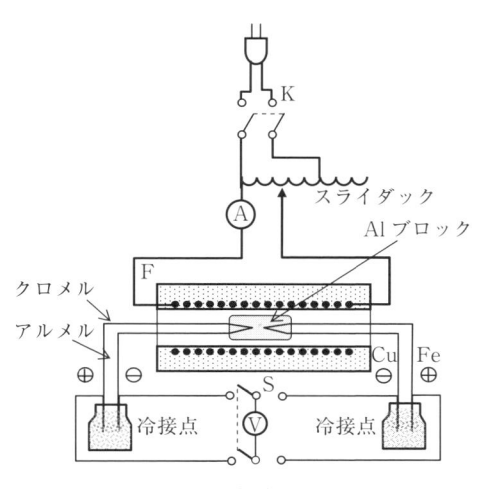

図7 実験装置

（6） 最大起電力 ε_n を通過すると，ε が減少し始めるが，約 $\frac{2}{3}\varepsilon_n$ になるまで測定する．次にスライダックを 0 にもどし，スイッチ K を切る．炉内の温度は徐々に降下するから，（2）〜（4）の操作に従って降下時の Fe-Cu 熱電対の起電力を読む．この測定値は温度上昇時と一致しないが，ほぼ同形となる．

2.4 測定データの整理と熱起電力の温度係数 α, β の計算

測定結果は図 4(a) に示すような放物線のグラフになる．グラフの左右対称性から中立温度 t_n，最大熱起電力 ε_n を求め，(11)式より α, β を決める．

質問 1 Fe-Cu の熱起電力の実験式をつくり，これと Pt-Pt・Rh の熱電対との比較検討をしなさい．

質問 2 測定温度を $t_0, t_1, t_2, \cdots$ とし，これらに対応する熱起電力を $\varepsilon_0, \varepsilon_1, \varepsilon_2, \cdots$ とする．熱電能はこの温度微分 $d\varepsilon/dt \simeq \Delta\varepsilon/\Delta t$ であるから，これに測定値を代入して

$$P_1 = \frac{\varepsilon_1 - \varepsilon_0}{t_1 - t_0}, \qquad P_2 = \frac{\varepsilon_2 - \varepsilon_1}{t_2 - t_1}$$

となる．$t_1-t_0, t_2-t_1, \cdots$ は測定温度間隔で，5℃あるいは10℃をとる．おのおのの熱電能 $P_1, P_2, \cdots$ とこれに対応する温度

$$\frac{t_1 + t_0}{2}, \frac{t_2 + t_1}{2}, \cdots$$

をプロットすれば熱電図となる．これより α, β を求めなさい（(10)式を t で微分すると $P = \alpha + \beta t$ となる）．さらに t_n, ε_n より求めた値と比較検討しなさい．

質問 3 熱電図（図 5）の Fe と Cu から図 4 を予想しなさい．

質問 4 温度上昇と温度下降では熱起電力は一致しない．このことについて考察しなさい．

11 簡易分光計製作と水素原子スペクトル観察

目 的

回折格子を用いた簡易分光計をつくり，それを使って水素のスペクトル線を観測し，ボーア[*1]の前期量子論の基礎となった原子スペクトルの実験について学ぶ．

1. 原 理

ボーアの前期量子論に基づく水素原子モデルによると，波長 λ，振動数 ν，光速 c の線スペクトルは

$$\frac{1}{\lambda} = \frac{\nu}{c} = R_\infty \left(\frac{1}{m^2} - \frac{1}{n^2} \right) \tag{1}$$

なる関係式で表される．ここで，R_∞ は水素原子に対するリュードベリ[*2]定数で，$m=1,2,\cdots$，$n=m+1, m+2, \cdots$，は水素原子の電子の離散的エネルギー準位（電子軌道）を表す量子数である．（1）式は電子が高いエネルギー準位（n）から，低いエネルギー準位（m）へ遷移するときに放出する光を表している．可視光域にあるバルマー[*3]系列の線スペクトルは，$m=2$ の場合であるので，（1）式から

$$\frac{1}{\lambda} = R_\infty \left(\frac{1}{2^2} - \frac{1}{n^2} \right) \quad (n=3, 4, 5, \cdots) \tag{2}$$

[*1] Niels Henrik David Bohr (1885-1962)
[*2] Johannes Robert Rydberg (1854-1919)
[*3] Johan Jakob Balmer (1825-1898)

94　物理学実験—基礎編—

を得る．これ以外の線スペクトルとして，$m=1$ のライマン[*4]，$m=3$ のパッシェン[*5]，$m=4$ のブラケット[*6]，そして，$m=5$ のプント[*7]の各系列があるが，可視光域の光ではないのでここでは扱わない．

（2）式から，スペクトル線の波長が長い順に，λ_α, λ_β, λ_γ と名づけ，それらの逆数の比をつくると

$$\frac{1}{\lambda_\alpha}:\frac{1}{\lambda_\beta}:\frac{1}{\lambda_\gamma}=\left(\frac{1}{2^2}-\frac{1}{3^2}\right):\left(\frac{1}{2^2}-\frac{1}{4^2}\right):\left(\frac{1}{2^2}-\frac{1}{5^2}\right)$$
$$=1:1.350:1.512 \qquad(3)$$

となる．

2. 実　　験

2.1　実験課題

ボール紙とフィルム回折格子を使って分光計を作成し，その目盛をナトリウム灯と水銀灯を用いて校正する．次に，それを使って水素放電管の光を分光し，バルマー系列の3本のスペクトル線 α, β, γ の波長を測定し，リュードベリ定数を決定する．

2.2　実験手順

分光計の製作

次の材料を準備する．

(a) ボール紙：なるべく厚手のもので，大きさ 350 mm×320 mm を1枚．
(b) 回折格子：透過型のレプリカフィルムで，大きさ約 15 mm×15 mm を1枚．

[*4]　Theodore Lyman（1874-1954）
[*5]　Louis Carl Heinrich Friedrich Paschen（1865-1947）
[*6]　Frederick Sumner Brackett（1896-1972）
[*7]　August Herman Pfund（1879-1949）

（c）スリット：15 mm×10 mm 程度の黒ラシャ紙を 1 枚.
（d）その他：方眼紙，はさみ，カッターナイフ，物差し（30 cm），セロテープ，黒ビニールテープ.

　図 1 は，分光計組み立て用の展開図である．準備したボール紙の上にていねいにこの図を描き，寸法をよく確認してから慎重に切り出す．まず，仮の組み立てを適当に小さく切ったセロテープで部分接着して行う．このとき長いセロテープはなるべく使わない．のりしろ部分を接着するとき，合わせ目から光が内側にもれないように，のりしろを内側に折って重ねるのがよい．セロテープによる仮組み立てが終わったら，遮光と補強を兼ね，黒ビニールテープを箱のすべての角に外側から貼り付けて仕上げる．

　スペクトル線を投影するスクリーンは方眼紙を使ってつくる．そのスクリーンには，図 2 に示すように，スリットからの距離を表す目盛（x）を入れる．目盛の全幅は 60-140 mm で，その最小目盛間隔は 2 mm とする．ただし，10 mm 間隔の長い目盛も入れ，その目盛数値（60，70，80，…120，130，140）も書き込む．これら目盛線も数値も，はっきり見えるように濃い黒線で書くのがよい．できあがったスクリーンを回折格子用の穴（10 mm×10 mm）から見たとき，スクリーン上の目盛数値が正立で見えるようにしてテープで接着する．

　スリットは，厚紙でつくったそれ用の枠（外寸 20 mm×20 mm，穴 6 mm×10 mm）に，2 片の黒ラシャ紙をわずかに離して貼り付けてつくる．黒ラシャ紙をカッターナイフでまっすぐ切断し，それらを互いに間隔 0.8-1.2 mm 離してセロテープで固定する．このときスリット幅があまりに広いと波長測定の精度が悪くなり，また，あまりに狭いと採光量が落ちてスペクトル線が見えにくくなる（のちほど行う測定の便宜のため，スリット幅を変えたものを他に用意しておくこと）．できあがったスリット枠を，スリットが暗箱の外側から 10 mm のところ（$x=0$）で，縦になるようにしてセロテープで固定する．

　回折格子はスリット枠と同寸法の枠（ただし穴寸法は 10 mm×10 mm）に，フィルム回折格子を小さく切ったセロテープで貼り付けてつくる．この作業中は，フィルムをピンセットで扱い，素手で触れないようにする．この回折格子

96　物理学実験―基礎編―

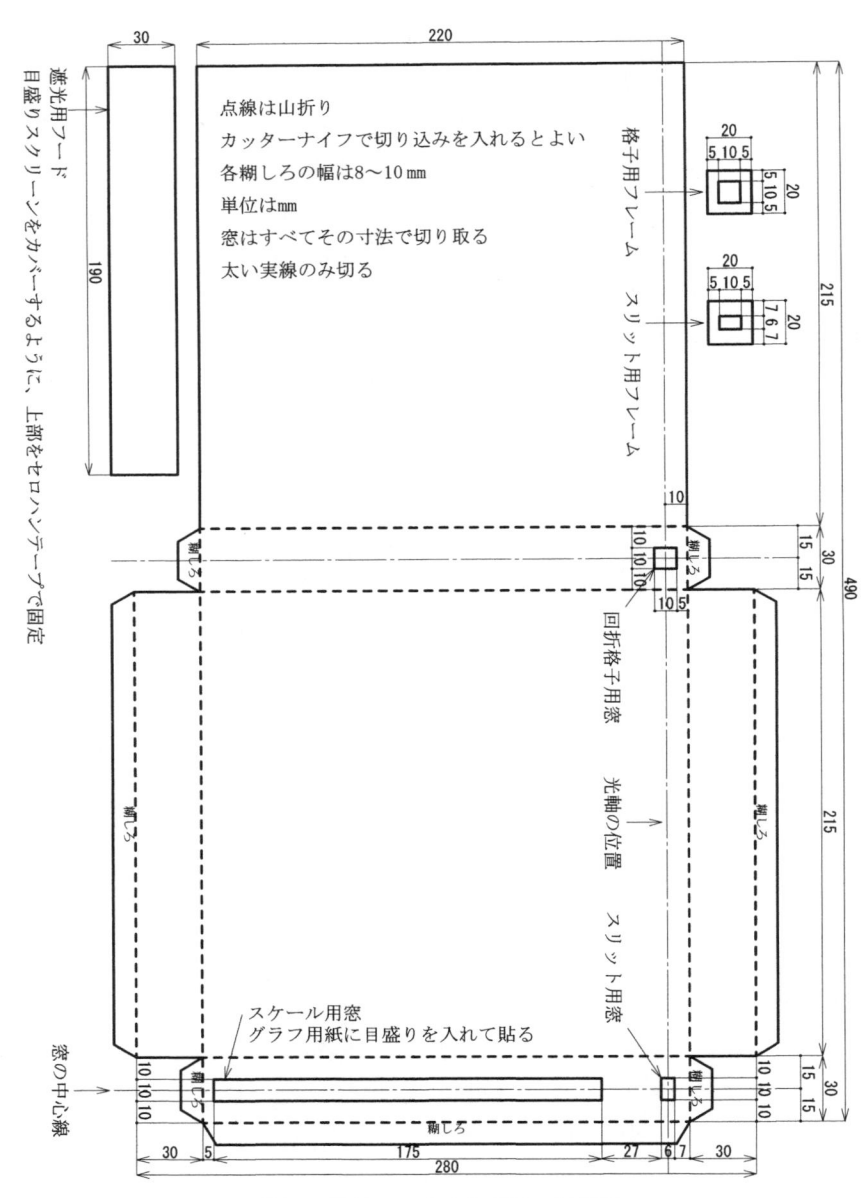

図1　厚紙でつくる分光計の展開図

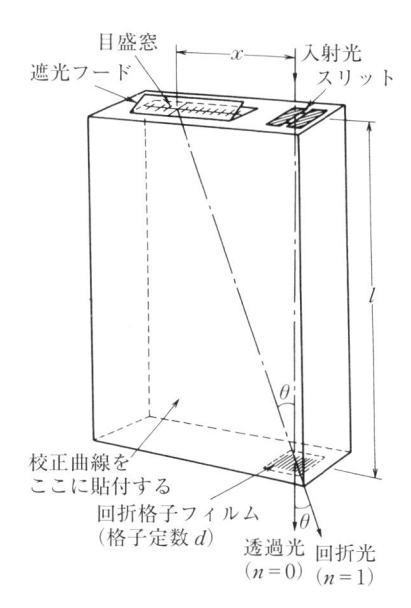

図2 分光計の組み立て図

枠を暗箱の所定の位置に軽く手で押さえて置き，蛍光灯の光をスリットを通して仮の観測をしてみる．このときスクリーンの目盛線上に，数本のスペクトル線が正しく並んで観察できるように，枠を回転して調整する．この調整が終えたら回折格子枠をその位置にしっかりセロテープで固定する．

スクリーン上のスペクトル線と目盛とを同時に読み取るには，スクリーンが適当な明るさでないと難しい．そのため図2に示すように，遮光フードを目盛窓の上部に外側からテープで取り付け，スクリーンへの外からの光を調節する．スペクトル線だけを見たいときはこのフードを下げ，目盛をはっきり読みたいときはフードを上げてスクリーンを明るくする．実際には，このフードをうまく上げ下げして調節し，スペクトル線と目盛が最も見やすい明るさにして観測する．

分光計の目盛校正

分光計ができあがったら，次に，スクリーンの目盛の校正をしなければなら

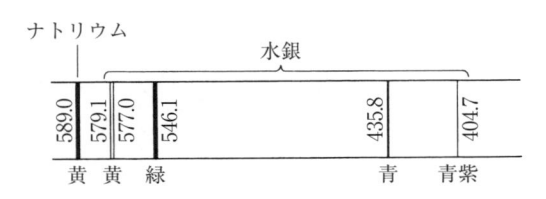

```
       ナトリウム          水銀
         │       ┌──────────────────────────┐
    589.0│579.1│577.0  546.1              435.8   404.7
         黄  黄  緑                         青     青紫
```

図 3 水銀およびナトリウムの可視部のスペクトル（単位は nm）

ない．すなわち，x の値がいくらの波長に対応しているかを決めることである．それには水銀灯とナトリウム灯から採光し，それらの原子の線スペクトル（図3に示す）が，どの位置 (x) にあるかを求め，横軸に位置 x，縦軸に波長をとって図示して求める．得られる曲線は，（5）式で表される分光計の校正曲線に他ならない．この図をできあがった分光計の外上面に貼り付け，観測のときに利用する．

スペクトル線を観測するときは，図2に示すように，入射光（透過光）に対して角度 θ 傾いた方向からスペクトル光がくるように見る．もちろんそれはスリットの虚像で，実際は入射光が回折格子面上で散乱，干渉し合い，その結果強め合った光が回折光として矢印の方向に見られるのである．スクリーン上には何本かの線スペクトルが観察できるが，それらは主に輝線スペクトルで，ときには微細スペクトル線や高次回折の線が見られることもある．ナトリウム原子と水銀原子の代表的な輝線スペクトルの波長と色合いが図3に示してある．

いろいろな原子の線スペクトルの波長は，理科年表（国立天文台編，丸善出版）に掲載されているので参考にしよう．

次に，回折光が観測される理由について述べよう．図4はそれを簡単に説明するものである．スリットを通過した入射光が回折格子に到達すると，そこには間隔 d（格子定数）で散乱する部位（キズ，凹凸，あるいは，筋）があるので，光は各部位で四方八方に散乱される．格子を通過した散乱光で，（4）式の関係を満たす光の位相は，入射光の位相と変わらず，互いに強め合って透過してくる．すなわち，光は格子面で折れ回って進んだことになる．

$$d \sin \theta = n\lambda \quad (n=0, \pm 1, \pm 2, \cdots) \tag{4}$$

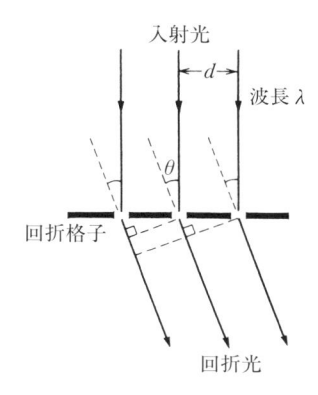

図4 光の回折

ここで，n は回折の次数を表し，明るく観測できるのは $n=1$ の場合である．n が1より大きい高次の回折スペクトル線は，回折角 θ が大きくなるため，(4)式と図4からわかるようにほとんど観測されない．

さて，図2より，分光計の長さを l とすれば，幾何学的に

$$\sin\theta = \frac{x}{\sqrt{l^2+x^2}}$$

となる．これを(4)式に代入すると

$$\lambda = \frac{xd}{\sqrt{l^2+x^2}} = \left(x\frac{d}{l}\right)\left\{1+\left(\frac{x}{l}\right)^2\right\}^{-\frac{1}{2}} \tag{5}$$

を得る．

回折格子は1 mm 当たり1000本の筋が引いてあるので，$d=1\times10^{-3}$ mm となり，また，回折格子から目盛窓までをほぼ明視の距離（$l_{\text{d.v}}\approx 250$ mm）として，スペクトルの位置 x を読み取れば波長 λ が(5)式から求められる．ところで，この手作り分光計の精度は，(5)式からわかるように，(x, d, l) の3つの数値の精度に依存している．そこで既知の波長 λ（図3の波長）とそれらの位置 x（測定値）を与え，(5)式を満たす名義上の (d, l) の値を決めてみよう．そのようにして得られる λ 対 x の関係が，この分光計の実質的な校正曲線となる．

最後に，水素放電管からの3本のスペクトル線（α, β, γ）を観測して，それらの波長を求め，（3）式の関係を満たすかどうかを確かめる．さらに，測定値を（2）式に代入してR_∞定数を求める．水素放電管からの光は大変弱いので，この場合は幅の広いスリットを用いるとよい．

2.3 測定データの整理とR_∞の計算

（1） 分光計の校正曲線をつくり，それを分光計の上面に貼る．

（2） 水素原子の3本のスペクトルの波長λ_α, λ_β, λ_γを測定し，標準値（理科年表）と比較する．

（3） 上の波長が（3）式を満たすかどうかを確かめ，さらに，おのおのの波長とn（3,4,5）の値を（2）式に代入し，R_∞を求める．

質問1 （5）式から誤差の伝播式を求め，分光計の分解能について考察しなさい．

質問2 ボーアの水素原子モデルについて調べ，（1）式を導出しなさい．また，R_∞の理論値を求め，実験から得られた値と比較検討しなさい．

質問3 原子スペクトルについて，他の系列の波長を（2）式から求め比較しなさい．

質問4 身の周りの光（家庭，街中，その他の照明灯）を分光して調べてみなさい．

質問5 余暇があったら，自宅で太陽光を分光して調べよう．とくに，フラウンホーファー[*8]線と呼ばれる暗線（吸収スペクトル）を観測し，その波長を調べなさい．また，フラウンホーファー線ができる理由を考えなさい．

[*8] Joseph Fraunhofer（1787-1826）

12 光電効果

目的

Sb-Cs 光電管を用いた光電効果の実験から光の粒子性を学び、プランク[*1]定数 h を求める.

1. 原理

物質中の電子が光子1個分のエネルギーをすべて吸収して運動エネルギーを得る現象を光電効果という. その電子を光電子というが, 光電子が物質の外に放出される場合を外部光電効果, 光電子が物質内にあって電気伝導度の増大に寄与する場合を内部光電効果（光伝導）と呼んで区別する. しかし歴史的には前者が量子論発展の重要な端緒となったので, 光電効果といえば一般に外部光電効果をさす.

レーナルト[*2]は, 1902年に金属表面を光で照射する光電効果の実験を行って, 次の3つの重要な性質を見いだした.

(a) 光電効果には限界振動数 ν_c があり, それより大きい振動数の光を照射しなければ起きない. また, その振動数は物質の種類によって異なる.

(b) 放出された光電子の最大エネルギーは, 照射した光の強さによらず振動数 ν に依存し, ν が大きければ最大エネルギーは大きくなる.

(c) 光の強さが弱くても, 光の振動数が ν_c 以上なら瞬時に光電子は発生する. そして光の強さを増やすと光電子の数が増える.

[*1] Max Karl Ernst Ludwig Planck (1858-1947)
[*2] Philipp Eduard Anton Lenard (1862-1947)

これらの事実は，光が空間に連続的に分布する電磁波であるとするマクスウェル[*3]の電磁場理論では説明できない．そこでアインシュタイン[*4]は，1905年，プランクのエネルギー量子の考えを発展させ，光の光量子（光子）説をたてて説明した．すなわち，プランク定数を h とすると，振動数 ν の光はエネルギー $h\nu$ を持つ粒子（光量子）であって，光量子 1 個が金属内に飛び込むと，内部の 1 個の電子と衝突して全エネルギー $h\nu$ が吸収される．そのエネルギーを吸収した電子は $h\nu$ が大きいときには金属表面の閾（しきい）ポテンシャルを越えて外部に出てくる．飛び出した光電子の持つ最大運動エネルギーは，電子が金属外に飛び出すのに必要な最小エネルギーを W とすると

$$E_{\max}=h\nu-W \qquad (1)$$

となる．W を仕事関数という．

この式から，(a)で述べた限界振動数が

$$\nu_c=\frac{W}{h}$$

であり，(b)の最大エネルギーが $E_{\max}$ に相当することがわかる．さらにまた，光の強さはエネルギー $h\nu$ を持つ光子の数に比例すると考えられるから，(c)の事実も容易に説明できる．

2. 実　　験

2.1 実験課題

（1） ND フィルターを使って陰極に照射する光量を減光したときの，光電管にかかる電圧と光電流の関係を測定し，照射光と阻止電圧の関係を調べる．

（2） 5 種類の光源を用い，それぞれについて光照射時の電圧と光電流の関係を調べ，それぞれの光源の阻止電圧を決定する．

（3） (2)の結果をもとにプランク定数 h と仕事関数 W を求める．

[*3] James Clerk Maxwell（1831-1879）
[*4] Albert Einstein（1879-1955）

2.2 実験装置

図1のSb-Cs真空型光電管の受光面を振動数の異なる単色光で照射し，放出された光電子のエネルギー測定を行って，光電効果を検証し，さらに(1)式の関係を求めてプランク定数および受光面の仕事関数を求める．

図2のように回路を組む光電管には逆電圧が印加されていることに注意せよ．そして光を照射しながら極間の電圧を増やすと，放出された光電子は受光面に押し戻されるようになり，光電流は減少していく．さらに電圧を増やせば，ついに光電流は流れなくなる．このときの電圧（阻止電圧という）をV_0で表すと，光電子の最大運動エネルギーE_{max}は

$$E_{max} = eV_0 \tag{2}$$

となる．ここで，eは素電荷（1.60×10^{-19} C）で，これを(1)式に代入すれば

$$eV_0 = h\nu - W$$

すなわち

$$V_0 = \frac{h}{e}\nu - \frac{W}{e} \tag{3}$$

となる．振動数νをいろいろ変えてV_0を求め，それをνに対してグラフに描けば直線関係が得られ，その直線の傾き(h/e)からプランク定数hが求まる．さらに直線を$\nu=0$に外挿すれば，仕事関数Wも得られる．

図3に単色光源（各種のLED）の構造，図4に光電管の配置を示す．単色光源として，赤（$\lambda = 644$ nm），オレンジ（$\lambda = 612$ nm），黄（$\lambda = 590$ nm），緑

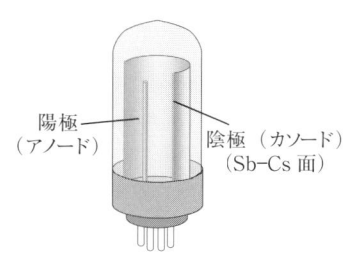

図1 Sb-Cs光電管

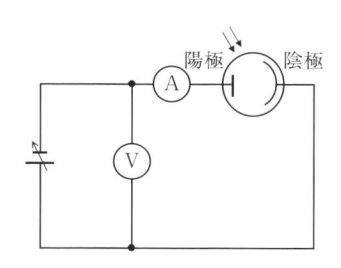

図2 測定の基本回路

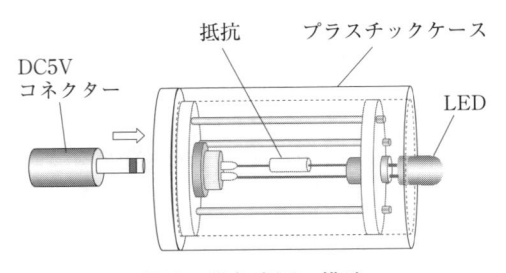

図3 単色光源の構造

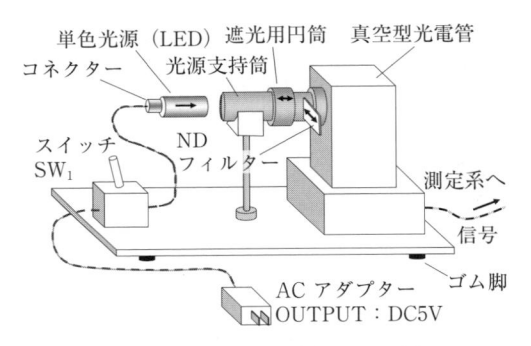

図4 光電管と単色光源の配置

($\lambda=525$ nm)，青（$\lambda=470$ nm）の5種類のLEDを用いる．

　光源をプラスチックケースごと，光源支持のための円筒の奥まで挿入する．光源のスイッチは光源を円筒に挿入してからONにする．必要に応じて遮光用円筒をスライドさせ，現れた横溝にNDフィルター（Neutral Density：減光フィルター）を挿入し，光量を減少させることができる．光照射によって生じた光電子は陰極から陽極へと移動し，光電流となる．しかし，光電管に印加されている電圧が電子の正の流れに対し逆向きであるため，電圧を増せば増すほど電子の流れは阻止される．このときの電圧と光電流を直流電流電圧計で計測する．

2.3 実験手順

（1） 光源，光電管ケース，測定回路BOX，電流電圧計を図5のように配置し，図に従って接地する．

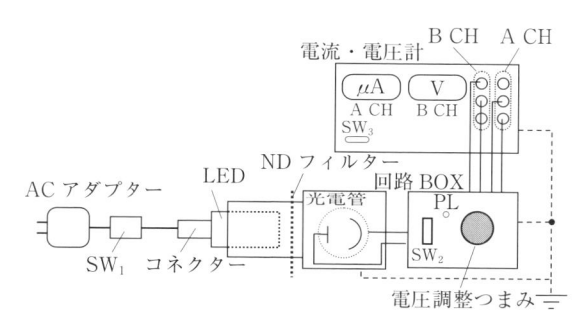

図5 装置配置

（2） 電流・電圧計のスイッチをONにし，A CHをDC電流測定（20 μA レンジ）にB CHを電圧測定（20 Vレンジ）にセットする．設定の方法は添付の説明書に書かれている．

（3） SW_1をOFFにし，ACアダプターをAC100 Vに接続する．次に青色のLEDを選択し，コネクターを接続して光源支持筒に挿入する．

（4） 回路BOXの電圧調整つまみを左いっぱいに回し（$V=0$），光を照射していないときの電流（暗電流）を測定した後，SW_1をONにし，逆電圧が0Vのときの光電流を記録する．

（5） 回路BOXのSW_2をONにし，電圧調整つまみを右に回して逆電圧を約0.1 Vに設定し，電流を測定する．

（6） 順次電圧を増し，そのつど，電圧と電流を計測し記録する．電流が0.005μA程度になると，電圧に対する電流値の変化が大きくなる．そのため以降は電流値を少しずつ減らすように電圧を調整し計測を繰り返す．測定はほぼ0.1 nAになるまで続ける．

（7） 電圧調整つまみを元に戻し，SW_2をOFFにした後，光源支持筒の遮

光用円筒をスライドさせ，側面からNDフィルターA（次にB）を挿入し，減光する．フィルターBは，Aで用いているフィルターの2枚重ねのものである．

（8） （4）〜（7）を繰り返す．

（9） NDフィルターを取り去り，遮光用円筒をもとにもどす．

（10） スイッチSW_1をOFFにし，光源を緑のLEDに交換し，（4）〜（6）の操作を繰り返す．5種類の光源について，電圧と電流の関係を調べる．このとき故意にLEDを人に向けたり，光を覗き込んだりしないように厳重に注意する．

2.4 照射光の強さと阻止電圧の関係

（1） 図6のように，方眼紙の縦軸に光電流，横軸に逆電圧をとり，フィルターなし，フィルターA（1枚），フィルターB（2枚）の測定値を同じグラフに記入する．

（2） 照射量の違いが阻止電圧に影響を与えているかどうかを確認しなさい．阻止電圧付近を詳しく見たい場合は片対数グラフ用紙を用い，光電流を対数目盛にプロットしてみなさい．

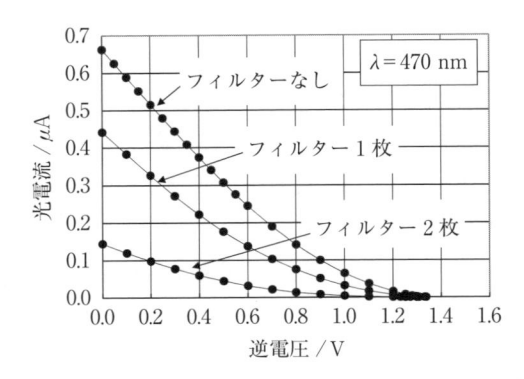

図6 照射光量の違いによる光電流-電圧特性

2.5 振動数の異なる光源に対する阻止電圧の測定とプランク定数の決定

（1） 5種類の光源について測定された電圧と電流の値を片対数紙にプロットしなさい．縦軸に電流を対数目盛，横軸を逆電圧として記入しなさい．

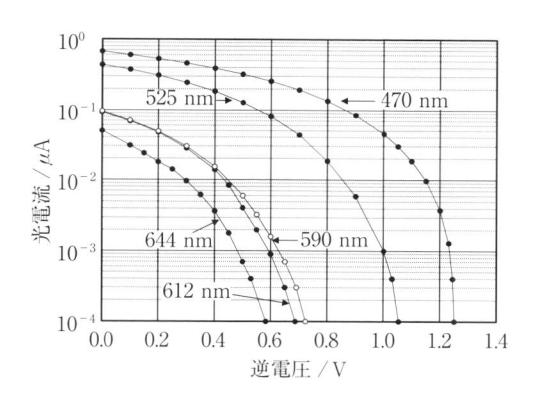

図7 波長の異なった光源の電流-電圧特性

（2） それぞれの曲線から光電流 $0.0001\,\mu\mathrm{A}$ のときの逆電圧を阻止電圧 V_0 として読み取りなさい．

（3） 各LEDに表示されている波長をもとに，光の振動数を計算し，照射光の振動数 ν と阻止電圧 V_0 の関係を図8のように表しなさい．

（4） （3）式に従って図の直線の傾きからプランク定数を求めなさい．

図8より直線の傾きを求めると

$$\frac{1.50\,\mathrm{V}-(-1.25\,\mathrm{V})}{6.85\times10^{14}\,\mathrm{Hz}} = 0.40\times10^{-14}\,\mathrm{V/Hz}$$

を得る．したがって，プランク定数として

$$h = (0.40\times10^{-14}\,\mathrm{V/Hz})\times(1.60\times10^{-19}\,\mathrm{C}) = 6.4\times10^{-34}\,\mathrm{J\,s}$$

が求められる．また直線と縦軸との交点より仕事関数 W として

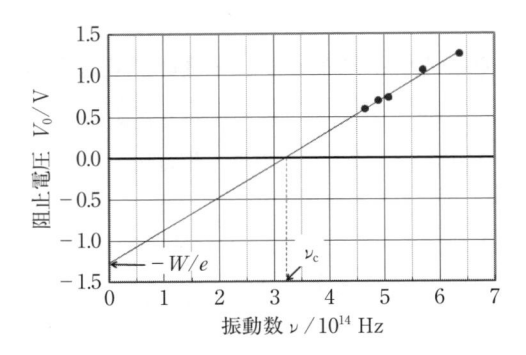

図8 照射光の振動数と阻止電圧の関係

$$\frac{W}{e} = 1.3 \,\text{V} \quad \text{すなわち} \quad W = 1.3 \,\text{eV}$$

を得る．

質問1 この実験で用いた光電管の限界振動数を求めなさい．

質問2 タングステンやアルミニウムなどの仕事関数を求めるにはどのような波長の光源が必要か考察しなさい．

13 ガラスの屈折率と分散

目的
分光計を使って，与えられたプリズムの屈折率の波長依存性を測定する．

1. 原 理

大気中から媒質中に光を入射すると，入射角が0でないときには光は屈折する．屈折率 n は入射角を i，屈折角を r とすると

$$n = \frac{\sin i}{\sin r}$$

と書くことができる．n は入射角には依存せず（屈折の法則），1よりも大きな値になる．また媒質中の速度 v と大気中の光速度 c（真空中の光速度にほぼ等しい）を用いて

$$n = \frac{c}{v}$$

と書くこともできる．

物質に入射する光のエネルギーの一部は物質に吸収され，入射光は減衰する．その吸収は振動数に依存する．これに伴う屈折率の波長依存性を分散と呼ぶ．

プリズムの振れ角 δ と屈折率 n

図1に示すように，頂角 α のプリズムに単色光が面 AB に入射して面 AC から出ていく場合を考える．面 AB での入射角，屈折角をそれぞれ i, r としよう．また面 AC での入射角，屈折角をそれぞれ r', i' としよう．入射光を延長した直線とプリズムから出ていく光線とのなす角度 δ を振れ角という．δ

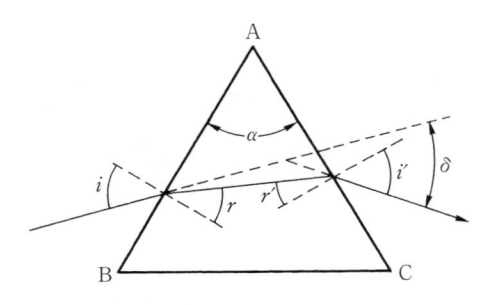

図1 プリズムによる光の屈折

は，プリズムの屈折率 n と頂角 α が与えられると入射角 i のみの関数となる．

屈折率は

$$n = \frac{\sin i}{\sin r} = \frac{\sin i'}{\sin r'} \tag{1}$$

を満たす．また図1より

$$r + r' = \alpha \tag{2}$$

$$\delta = (i - r) + (i' - r') = (i + i') - \alpha \tag{3}$$

であるから，（3）式の δ は（1）式を使って i の関数になることがわかる．このように入射角 i によって振れ角 δ が変化するが，δ が最小となるとき（このときの δ を最小振れ角という．これを δ_0 と書こう）

$$\frac{d\delta}{di} = 0 \tag{4}$$

が成り立つ．（2）式と（3）式を i で微分すると

$$\frac{dr}{di} + \frac{dr'}{di} = 0$$

$$\frac{d\delta}{di} = 1 + \frac{di'}{di} \tag{5}$$

となる．また（1）式を i で微分すると

$$n \cos r \frac{dr}{di} = \cos i, \quad n \cos r' \frac{dr'}{di} = \cos i' \frac{di'}{di} \tag{6}$$

となる．さらに（5），（6）式から

$$\frac{d\delta}{di} = 1 - \frac{\cos r'}{\cos r}\frac{\cos i}{\cos i'}$$

を得る．(4)式を用いれば

$$\frac{\cos r'}{\cos r}\frac{\cos i}{\cos i'} = 1$$

となる．これを解くと $i=i'$, $r=r'$ となる．このとき(2), (3)式より

$$r = \frac{\alpha}{2}$$

$$i = \frac{\delta_0 + \alpha}{2}$$

となるから，(1)式より

$$n = \frac{\sin[(\delta_0 + \alpha)/2]}{\sin(\alpha/2)} \tag{7}$$

が得られる．この実験では δ が最小となる状態にして δ_0 を測定し，(7)式から屈折率を求める．

2. 実　　験

2.1 実験課題

（1）　分光計の取り扱いに習熟する．
（2）　プリズムの頂角 α を測定する．
（3）　最小振れ角 δ_0 を測定する．
（4）　頂角 α と最小振れ角 δ_0 からプリズムのガラスの屈折率 n を求める．
（5）　波長と屈折率の関係を表すグラフを描き，理科年表に掲載されている値と比較する．

2.2 実験装置

分光計，水銀灯，プリズム，鉛直台付平面鏡，ペン型ライト，水準器を用意する．

112　物理学実験―基礎編―

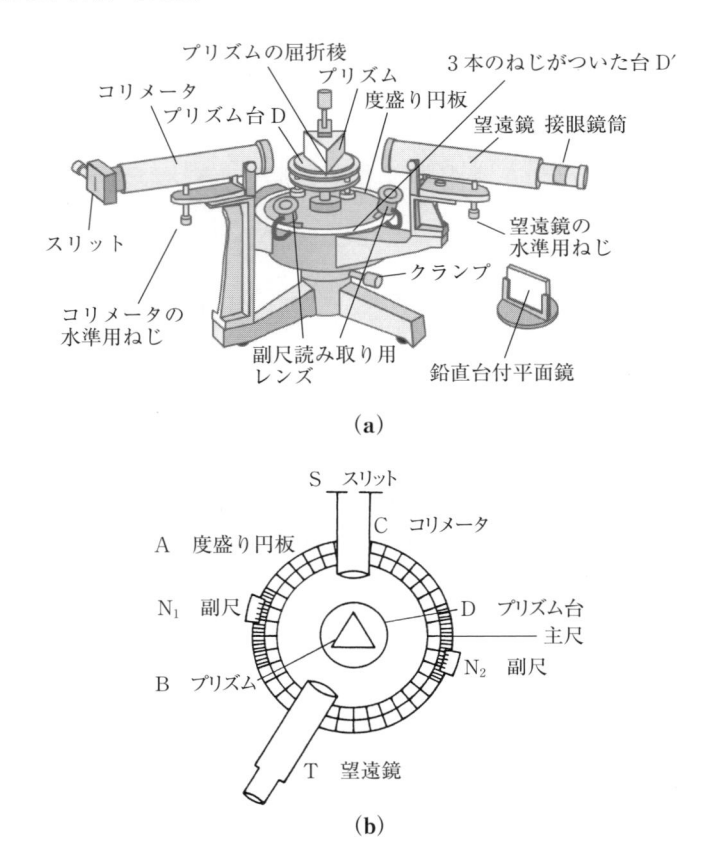

図2 上から見た分光計．(a)は分光計全体，(b)は上から見た様子．

分光計

　図2に，用いる分光計を示す．三脚台に固定された度盛り円板A，分光計の主軸（度盛り円板の中心を通る鉛直線）の周りに回転できる望遠鏡T，度盛り円板の副尺N_1およびN_2（望遠鏡とともに主軸の周りに回転する），台に固定されたコリメータC，スリットS，プリズム台D，およびDの下にある3本のねじがついた台D′を確認せよ．

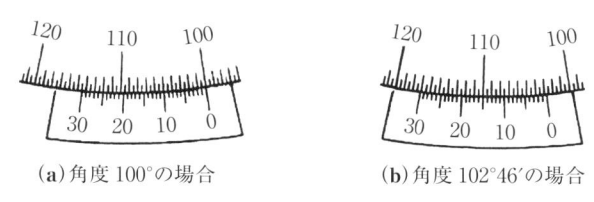

13 ガラスの屈折率と分散 113

(a) 角度 100° の場合 (b) 角度 102°46′ の場合

図 3　分光計の角度の読み方

分光計の角度（副尺）の読み方

分光計の主尺には，0 から 360° の角度の目盛が 0.5° 刻みで刻印されている．一方，副尺には 0 から 30 までの目盛が刻印されており，副尺の 0 から 30 までの角度は 14.5° になっている．つまり副尺の 0 から 30 までが主尺の 0.5° の幅に相当するから，副尺の 1 目盛は $(1/60)°$，すなわち 1′ まで読み取ることができる．図 3 は読みの例である．(a) では副尺の 0 および 30 の目盛が 100° および 114.5° に一致している．この場合の角度は 100° である．(b) では副尺の 0 の目盛が 102.5° を過ぎており，主尺と副尺が一致しているところの副尺の目盛が 16 であることから

$$102°30′ + 16′ = 102°46′$$

と読む．

オートコリメーション

本実験の測定では，望遠鏡の光軸とプリズム面が直角になっている必要がある．そのためにオートコリメーションを行う．

ここで用いる分光計の望遠鏡は図 4 に示すアッベ（Abbe）型である．接眼鏡筒に小さな全反射プリズムが挿入されており，この全反射プリズムを通して望遠鏡内にペンライトで光を入れると，反射光により望遠鏡内の十字線が照らされる．望遠鏡の光軸と外に置かれたプリズム面が直角になっていることを確認するためには，対物レンズを出てプリズム面で反射し再び対物レンズを通って結像した十字線の像が，十字線そのものと一致することを確認すればよい．この方法をオートコリメーションという．

114 物理学実験—基礎編—

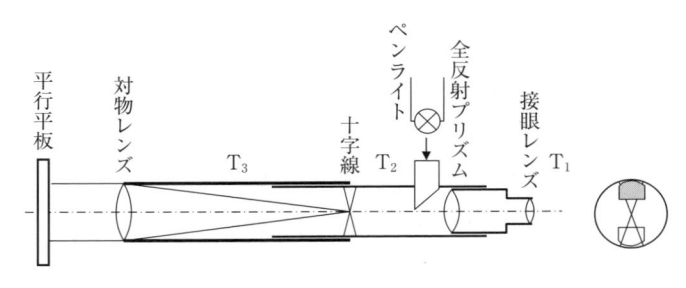

図4 分光計用アッベ型望遠鏡

調整（準備手順）

（1） 初めに，分光計の望遠鏡部の回転軸が鉛直になるように三脚を調整する．三脚に調整機構がない場合は，アルミ板や紙などを敷いてもよい．このとき，度盛り円板に水準器を置くとよい．

（2） 望遠鏡の調整を行う．望遠鏡の中心軸上無限遠に置かれた物体の像が，十字線位置で結像するように，またスリットを通ってコリメータに入った光がコリメータ出口のレンズを通ると平行光線になるように，あらかじめ調整しておく必要がある．次の手順で行う．

（a）望遠鏡の接眼レンズ（図4のT_1）を出し入れして十字線が明瞭に見えるようにする．

（b）望遠鏡の焦点を無限遠に合わせる．すると望遠鏡の対物レンズから入った平行光線（無限遠からくる光）が十字線面に結像する．

これらの作業が完了したことを確認するには，眼を光軸と直角方向に動かしたとき，十字線が像に対して相対的に動かないこと，すなわち，視差がないことを調べればよい．この調整は，十字線付望遠鏡を用いた精密測定では常に必要である．

（3） 以上の調整が済んだら，望遠鏡の対物レンズをコリメータに向ける．そうすると望遠鏡でコリメータのスリットが見えるはずである．コリメータに筒長調整機構がある場合は，スリットの像が十字線面にできるように，筒長を調整する．この場合も，視差がなくなるように調整すればよい．

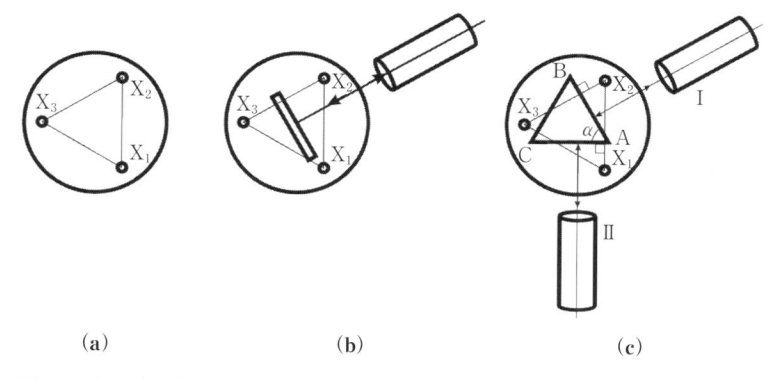

図5 プリズム台Dの角度の調整．(a) D′の3本のねじの位置，(b) 鏡を用いたオートコリメーション，(c) プリズムを置いた状態．

（4） コリメータおよび望遠鏡の両方の光軸が分光計の回転軸（主軸）と直交し，またプリズム台の法線方向が主軸と平行になるように，調整を行う．まず目分量で，全体の位置を合わせる．必要に応じて水準器を使うとよい．このとき，各部のねじがどのような効果を与えるか，あらかじめよく理解しておく必要がある．

（5） 水準器を使ってプリズム台Dを水平にする．図5を参照せよ．D′の3本のねじを X_1, X_2, X_3 としよう（図5(a)）．まず，Dの下面がD′の上面より3mm程度持ち上がるように X_1, X_2, X_3 を調整する．次に X_1 と X_2 を結ぶ直線と平行に水準器を載せ，ねじ X_1 と X_2 を使って水平にする．さらに X_1 と X_2 の中点と X_3 を結ぶ直線上に水準器を移し，X_3 のみで水平に調整する．

（6） プリズム台Dの上に，鉛直台付平面鏡を置く．図5(b)に示すように X_2 と X_3 の中点と X_1 を結ぶ直線と平行に平面鏡を置く．望遠鏡を移動して光軸が平面鏡と垂直になるようにする．必要に応じて，3本のねじが取り付けられた台D′を，平面鏡，プリズム台Dごと主軸の周りに回転させてもよい．

（7） 全反射プリズムを通して望遠鏡にペンライトの光を入れると，その光は望遠鏡の光軸に沿って進み，対物レンズを出て平面鏡で反射し，再び対物レンズを通って十字線面に結像する．この像が十字線と重なるように調整すれ

116 物理学実験—基礎編—

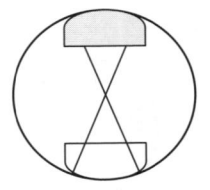

(a) 光軸が一致　　(b) 光軸が上下にずれている

図 6　望遠鏡を覗いたときに見える十字線の像

ば，平面鏡の法線と望遠鏡の光軸が一致する（図 6(a)）．平面鏡の法線と望遠鏡の光軸が一致していなければ，両者がずれて見える（図 6(b)）．両者のずれが大きすぎると，十字線の像が視野に入ってこないこともある．この場合は望遠鏡の接眼部から眼を離し，装置全体をもう一度見ながら位置を調整してから望遠鏡を覗く．十字線とその像がずれているときは，左右のずれはプリズム台を度盛り円板ごと回転させ，上下のずれは，その半分をプリズム台の傾きで，残りは望遠鏡の傾きで調整する．プリズム台の傾きは図 5(b) に示すねじ X_2, X_3 を使う．ねじ X_1 には触れないこと．これができたら，望遠鏡を主軸の周りに 180° 回転させた位置から，同様の調整を行う．平面鏡を主軸の周りに回転させるときは，3 本のねじがついた台 D′ をプリズム台 D ごと回転させること．以上のことを何回か繰り返して十字線と像が重なるようになれば，望遠鏡の光軸は分光計の主軸と垂直になる．

（8）　最後にコリメータの光軸と望遠鏡の主軸を一致させる．平面鏡をプリズム台からおろし，スリットの中心像が望遠鏡の十字線上にくるように，コリメータの傾きをねじで調整する．

2.3　測定手順

プリズムの頂角の測定

（1）　図 5(c) に示すようにプリズムを台に載せる．プリズムの 3 つの側面のうち 1 面がすりガラス状になっている場合は，その面が BC である．プリズムは台の中央から面 BC 側に 5 mm 程度ずらし，B，C が A と比べてプリズム

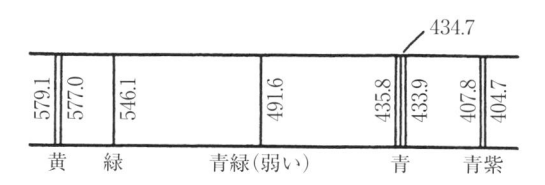

13 ガラスの屈折率と分散　117

図7　水銀の可視部のスペクトル（単位 nm）

台の縁に近くなるように置く．さらに，面ABが台の直線X_2X_3と垂直になるようにする．望遠鏡の対物レンズを，面ABに向けた位置Iでオートコリメーションを行い，面ABを望遠鏡の光軸と垂直にする．このとき，ねじX_3のみを用い，X_1，X_2には触れないこと．

（2）次に望遠鏡を面ACに向けたIIの位置でオートコリメーションによる調整を行う．このとき，ねじX_1のみを用い，X_2，X_3には触れないこと．X_1を調整しても向きが変わるのは面ACのみであり，面ABの向きは変わらないので，Iの位置で行った調整は乱されない．

（3）角度を読む．角度は2つの副尺（図2(b)のN_1，N_2）で読む．これらをθ_1，θ_2とする．

（4）再び望遠鏡をIの位置に戻す．面ABでオートコリメーションを行い（望遠鏡の主軸の周りの回転のみで可能），N_1，N_2の角度を読む．これらをθ'_1，θ'_2とする．それらの差から望遠鏡の回転角が求まる．その補角が頂角αである．ただし差を求めるとき，360°を足す必要がないかどうか確認すること．

最小振れ角の測定

（1）水銀ランプの窓の高さがコリメータのスリットと同じになるように調整してからランプを点灯させ，スリットを照らす．水銀ランプからは，波長の長いほうから順に，黄色2本（579.1 nm，577.0 nm），緑（546.1 nm），青緑（491.6 nm，弱い），青（435.8 nm，433.9 nm，434.7 nm），青紫（407.8 nm，404.7 nm）の各スペクトルが顕著に見られる（図7）．なお，スリットが狭いほうが分解能はよくなる．ただし弱い線は見えにくくなる．

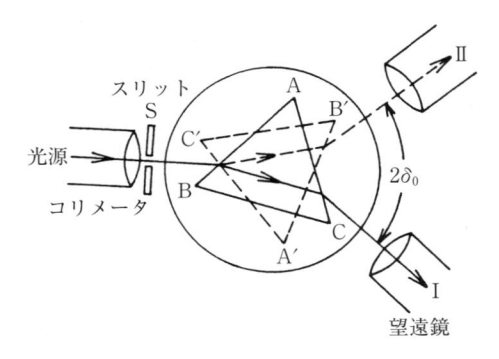

図8 最小振れ角の測定

（2） 図8に示すように，コリメータを出て，面ABに入射し屈折した後，面ACから出てくる光をIの位置で測定する．スペクトル線の1本に注目し，ねじの台D′をプリズム台とともにIの位置からIIの位置に向けて，主軸の周りに回転しながら，望遠鏡は使わずに直接肉眼で観測する．スペクトル線は最初IIの方向に向けて移動するが，あるところで逆戻りするようになる．逆戻りを始める極限の位置が最小振れ角の位置である．望遠鏡を眼の位置まで移動してスペクトル線像を視野に入れ，さらにプリズム台をわずかに動かすとともに望遠鏡を微動させて，最小振れ角の位置に十字線を合わせる．最小振れ角の位置を見つけたら副尺 N_1, N_2 で読む．これらを ϕ_1, ϕ_2 としよう．次にプリズム台Dをねじの台D′ごと回転しA′B′C′になるようにする．このとき，DとD′の間は滑らせてはならない．望遠鏡をIIの位置に静かに回転して合わせる．今度は前回の逆方向へスリットの像を追尾し，同様に角度 ϕ_1', ϕ_2' を読む．

（3） 得られた値から

$$|\phi_1 - \phi_1'| = \phi_1^d, \quad |\phi_2 - \phi_2'| = \phi_2^d$$

を求める．この場合も α を求めたときと同様に，360°を足す必要がないかどうか確かめること．これらの角度は最小振れ角 δ_0 の2倍に等しい．そこでこれらの平均を2で割って δ_0 を求める．

表1 頂角 α の測定の例

		望遠鏡の位置		差
		I	II	$|\theta-\theta'|$
副尺	N_1	109°55′	349°53′	120°02′
	N_2	290°00′	169°56′	120°04′
		平均 120°03′		

$\alpha = 180° - 120°03' = 59°57'$

（注） II の N_1 は 360° を越えて I に移動している．したがって角度差は

$$(109°55' + 360°) - 349°53' = 120°02'$$

となる．

表2 最小振れ角測定の例

	プリズムの稜を右に回転	プリズムの稜を左に回転	読みの差
N_1	86°08′	354°36′	91°32′
N_2	266°00′	174°36′	91°24′
平均			91°28′

$$\delta_0 = \frac{91°28'}{2} = 45°44'$$

2.4 プリズムの屈折率と分散曲線

（1） 実験で求めた δ_0 と α を（7）式に代入するとプリズムの屈折率 n が得られる．水銀光源が示すスペクトル線それぞれに対して n を求めよ．その際，有効数字を検討すること．

（2） 分散曲線（波長に対する屈折率）を描け．その結果から，理科年表などを参考にして実験で使用したプリズムの種類を推定せよ．図9には光学ガラスの分散曲線を2例示してある．

（3） 屈折率の振動数依存性（分散関係）は

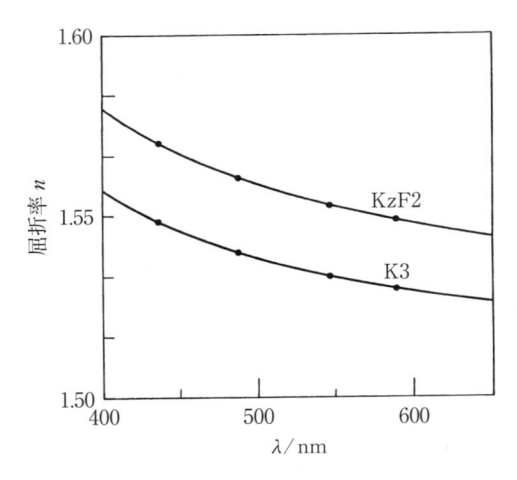

図9 光学ガラスの分散曲線の例

$$n = A + \frac{f}{\lambda^2 - \lambda_0^2} + 1$$

と表されることが知られている．A, f, λ_0 は定数である．この式はハルトマン[*1]の分散公式と呼ばれるもので，ガラスのような透明な物質にあてはまる．得られた結果をこの式にあてはめてみよ．

質問1 スペクトルがなぜとびとびの線状になったのか，その理由を述べよ．

[*1] Johannes Franz Hartmann (1865-1936)

14 等電位線と電気力線

目的

抵抗を持つ薄板状の導体（カーボン紙）に定常電流を流したときの電位分布を測定し，等電位線を作図する．また，イオン泳動法によって電気力線の様子を観測し，等電位線と合わせて電場の様子を理解する．

1. 原 理

　導体中を定常電流が流れている場合について考えよう．導体内の電流の分布は電流密度 $j(r)$ で表される．導体内部の任意の点 r の電場を $E(r)$，電気伝導度を $\sigma(r)$ とすると，$j(r)$ は

$$j(r) = \sigma(r) E(r) \qquad (1)$$

と書くことができる．電位を ϕ とすれば

$$E(r) = -\operatorname{grad} \phi(r) \qquad (2)$$

が成り立つから，電流の流れる方向は電場の方向，すなわち，電位勾配と逆の向きになり，電流の方向と等電位面は直交する．

　ところで定常電流は

$$\operatorname{div} j(r) = 0 \qquad (3)$$

を満たす．導体が一様な場合は，(1)，(2)式を(3)式に代入すれば

$$\Delta \phi(r) = 0 \qquad (4)$$

が導かれる（Δ はラプラスの演算子）．これは，静電場中の電位分布においても成り立つ式であり，定常電流によってつくられる電場が，静電場中と同じように分布することを意味する．一般に静電場中の電位分布を直接測定することは非常に困難であるので，ここでは定常電流の場における電位分布を測定し，

電場の様子を探ってみよう．

2. 実　　験

2.1　実験課題

次のことを確かめる．
（1）　異なる電位の等電位線は交わらない．
（2）　鏡像の原理が成り立つ．
（3）　等電位線と電気力線は直交する．

2.2　実験装置

　まず，実験装置の準備をする．薄いカーボン紙，複写用カーボン紙，およびトレーシングペーパーを，図1に示した順に実験台上に重ね，固定用金属板で固定する．次に実験台の裏側から，針で2箇所（図1のAおよびB）の電極位置をカーボン紙に写し取り，その位置に電極棒を差し込み，裏側でねじ止めする．電極間の距離は数cmであり，各々の電極は，実験台の裏側で実験台側面の端子に接続されている．

　電圧測定には電子電圧計を用いる．測定点は，電圧測定のとき電圧プローブ

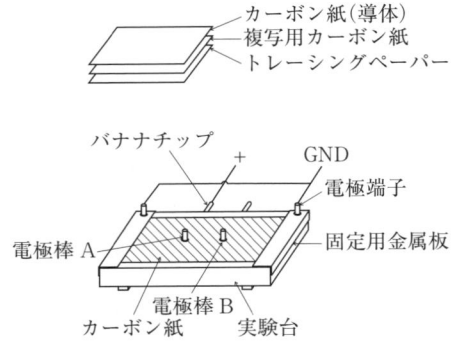

図1　実験装置

14 等電位線と電気力線

でその位置を押すことによってトレーシングペーパー上に写し取ればよい．

2.3 実験手順

電極 A および B によってつくられる等電位線

（1） 1つの電極 A の周りの電位

①実験台側面の電極と電源装置をバナナチップで接続し，電極棒 A のみに電位を加える．

②左右の固定用金属板の電位を 0 に，A の電位を 10 V にする．電圧プローブを電子電圧計に接続し，クリップ端子（グラウンド端子）は，固定用金属板に接続する．このように準備した後に測定に移る．電極 A の近くから 6 V，5 V，…と，それぞれの等電位の位置を電圧プローブで探針して決定し，トレーシングペーパー上をプローブで押すようにして記録する（図2）．

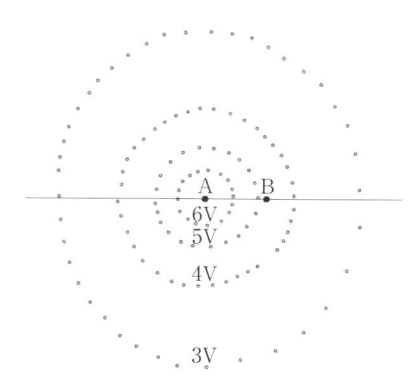

図 2 等電位線の測定データ例 1
（電極棒 A に 10 V をかけたとき）

（2） 2つの電極 A，B の周りの電位

①トレーシングペーパーと複写用カーボン紙を新しいものに交換し，電極 A の電位を 10 V に，電極 B の電位を −10 V に設定する．

②この状態で単一の電極の場合と同様に等電位線を記録する．

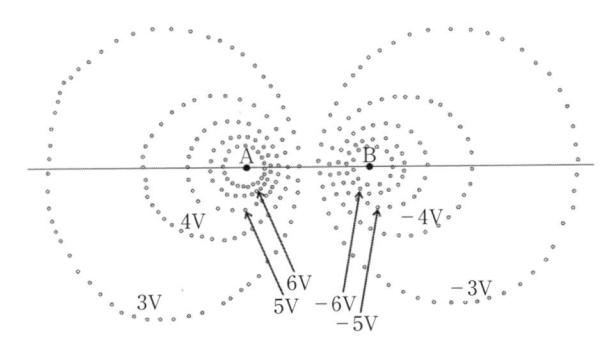

図3 等電位線の測定データ例2
（電極棒Aに10V，電極棒Bに−10Vをかけたとき）

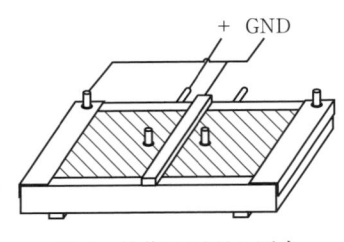

図4 鏡像の原理の測定

(3) 鏡像の原理の確認
① トレーシングペーパーと複写用カーボン紙を新しいものに交換する．
② 電極Aと電極Bを結ぶ線分の垂直2等分線上に金属棒を置き（図3），ねじ止めする．
③ 電極Aの電位を10V，金属棒の電位を0Vにして等電位線を測定して記録する．

イオン泳動法による電気力線の観察

過マンガン酸カリウムの水溶液は $KMnO_4 \rightarrow K^+ + MnO_4^-$ のように解離し，MnO_4^-（過マンガン酸イオン）は紫赤色を示す．MnO_4^- に電場をかければ，クーロン力により陽極の方向に引かれる．この移動過程は紫赤色の模様となって現れるので，それを記録すれば，電気力線の様子がわかることになる．記録

紙には水を浸み込ませた"ろ紙"を用いるが，実験に最適な水分量にするために，次の方法をとる．

（1） ろ紙に十分水を含ませた後，水を切る．

（2） 乾いたろ紙で両面から挟み込むようにして水分をとる．ろ紙に触ったとき，手に水分が残らない程度になるまで水分をとる．

（3） 図5に示すようにガラス板に水分を含んだろ紙を置き，2つの電極A，B間の距離を，等電位線の実験（2）と同じにする．次に電極A，Bそれぞれに+25 V，-25 Vかけ，外周をグラウンド（G）にすると，ろ紙上に平面電場ができる．

（4） 乳鉢で粉砕した少量の過マンガン酸カリウムをろ紙の上に一様に散布すると，1～2分程度で過マンガン酸イオンの移動に伴って電場の様子を表す模様ができ上がる．

（5） 電位を加えたまま，ろ紙をドライヤーで乾燥させる．ろ紙に着色した過マンガン酸カリウムイオンが紫赤色から褐色に変わり始めたら電源電圧を0にし，ろ紙を取りはずし，手際よく完全に乾燥させる．

2.4 測定データの整理

（1） 等電位線の実験（1），（2）の結果を整理し，異なる電位の等電位線は交わらないことを確かめる．

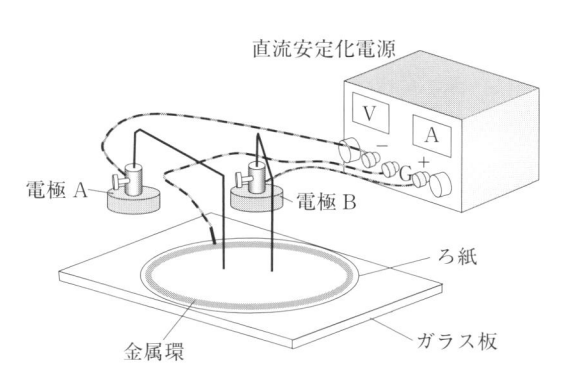

図5 イオン泳動法による電気力線の観察

（2） 等電位線の実験（2）と（3）の結果とを比較して鏡像の原理が成り立っていることを確かめる．

（3） 電気力線の記録を図3の等電位線と比較し，等電位線と電場にはどのような関係があるかを考察する．

質問1 等電位線の実験では，電極棒 A には正の電位を，電極棒 B には負の電位を加えたが，もし，電極 A，B に同時に正の電位をかけるとどのようになるか考察しなさい．

15 磁力線と磁場ベクトル

目 的

磁束密度の大きさと方向を測定して，磁場がベクトル場であることを理解し，重ね合わせの原理が成り立つことを検証する．

1. 原　理

　磁場の中に小さい磁針を置くと，磁針のN極は磁場の向きを指す．このとき磁針のN極の方向に磁針を少しずつ移動させると，1本の線が得られる．この線に磁場の方向を示す矢印をつけたものを磁力線という．磁場の様子は，磁力線によって表すことができる．ところで，磁化された鉄粉は小さな磁石の集まりであるので，磁場中では磁力線に沿って並ぶ．このときにできる模様から磁場の様子がわかる．

　磁場はベクトル場であり，重ね合わせの原理が成り立つ．たとえば2つのコイルがあり，それぞれ同一の点に磁束密度 B_1 の磁場と磁束密度 B_2 の磁場をつくるとき，両方のコイルに同時に電流を流せば，その点における磁束密度は

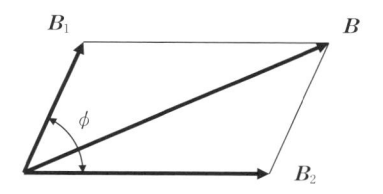

$$B = B_1 + B_2 \tag{1}$$

図1 磁束密度のベクトル和

となる．B の大きさは
$$|B|=\sqrt{B_1^2+B_2^2+2B_1B_2\cos\phi} \qquad (2)$$
である．ただし，ϕ は B_1 と B_2 のなす角度である．

ここでは，2つのコイルⅠ，Ⅱを用意して磁場を発生させて磁束密度の向きと大きさを計測し，磁場の重ね合わせの原理が成り立つことを検証する．

2. 実　験

2.1 実験課題

（1） 永久磁石の周りの磁力線と，電流によってつくられる磁力線を観察する．

（2） 2つのコイルによってつくられる合成磁場が重ね合わせの原理を満たすことを検証する．

2.2 実験装置と実験手順

1　磁力線の観察

①永久磁石の周りの磁力線

アクリル板を永久磁石の上に置き，その上に白紙を置く．次に"ふるい"を使って鉄粉を一様に白紙上に散布する．磁力線の模様がよく見える程度のところで散布をやめる．ボールペンなどを使ってアクリル板を軽く叩いて振動させ

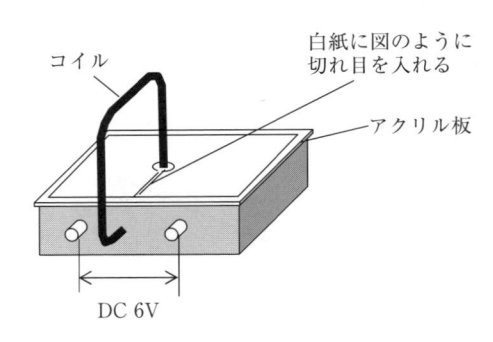

図2　磁力線の観察

ると，模様がはっきりすることもある．模様が見えたらデジタルカメラで撮影しプリントする．鉄粉のならび方をよく観察する．

②電流の周りの磁力線

切れ目を入れた白紙を，図2のように置く．コイルには直流電圧6Vをかける．①と同様にコピー用紙に鉄粉を散布し，磁力線の様子をデジタルカメラで撮影してプリントする．

2 磁束密度の測定

磁束密度の測定にはホール[*1]素子（Hall device）を使用する．これはホール効果（Hall effect）を利用した素子で，磁束密度の大きさと向きの測定が可能である．ホール効果は物理学実験―応用編―の「半導体のホール効果」で詳しく学ぶ．

一般に速度 v で動く電荷 q の粒子に磁場をかけると，ローレンツ[*2]力が働く．磁束密度を B とするとローレンツ力は

$$F = qv \times B$$

と表すことができ，力の向きは，電荷の速度方向および磁束密度の方向の両者に垂直である．図3のように，ホール素子内を流れる電流の向きと垂直な方向に磁場をかけると，荷電粒子にローレンツ力が働き電荷分布が変化し，それによって生じる電場からの力とローレンツ力が釣り合って定常状態に達する．こ

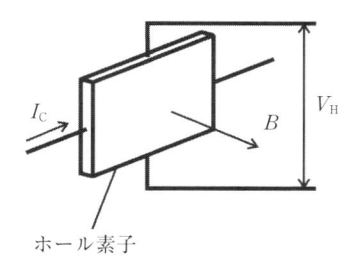

図3 磁場中に置かれたホール素子に生じるホール電圧

[*1] Edwin Herbert Hall（1855-1938）
[*2] Hendrik Antoon Lorentz（1853-1928）

の電場によって，電流と磁場の向きに垂直な方向に電圧が生じる．これがホール効果で，発生する電圧をホール電圧という．ホール電圧 V_H は電流 I_C および磁束密度の大きさ B と

$$V_H \propto I_C B \tag{3}$$

の関係にある．I_C を一定にすればホール電圧 V_H は B に比例する．

本実験では，図4に示すように，中心軸が直交する2対のコイルの中央にホール素子が置かれ，鉛直な軸の周りに自由に回転できるようになっている．指針が磁場の向きと一致した場合に，ホール電圧が正の最大値になる．磁束密度の大きさの計算に必要なホール素子に関する情報は，コイルを配置したそれぞれの台に付属したデータカードに書かれているので，実験ノートに書き写すこと．

ホール素子の使い方は次のとおりである．

① コイルの電源装置，電子電圧計の電源スイッチが OFF になっていることを確かめた後に，電子電圧計のレンジを最大にして電源スイッチを入れる．

② ホール素子に 5 mA の電流を流す．

③ 電子電圧計のレンジを 50 mV に合わせる．"zero adj." のつまみを静かに回し，メーターの指針が 0 を指すようにする．この調整の後，ホール素子をゆっくり 1 回転させると，指針は 0 の周りを左右に振れる．

④ ホール素子の指針をコイル対Ⅰの中心軸と平行になるようにセットし，

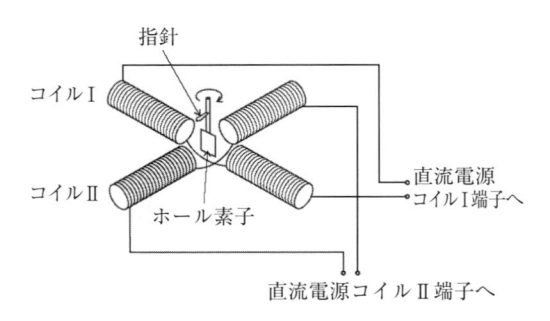

図4 コイルⅠ，コイルⅡおよびホール素子の配置

コイル対Ⅰの電源装置の電源を入れて電流を徐々に大きくしていき，1Aにする．ホール素子をゆっくり1回転させると，電子電圧計の指針が0周りに左右に振れる．最大値と最小値の絶対値がほぼ等しくなるように，"zero adj."のつまみを調整する．

以上で準備は完了である．コイル対Ⅰには1Aの電流が流れているので，この状態で磁束密度 B_1 の方向と大きさを決定する．ホール素子をゆっくり回転させ，ホール電圧が最大および最小になる角度と，そのときのホール電圧を測定する．この測定によって B_1 の方向が得られる．B_1 の大きさは，ホール電圧の最大値と最小値の絶対値の平均値を計算すれば得られる．次にコイル対Ⅰの電流を0にし，コイル対Ⅱに2Aの電流を流し，B_2 の方向と大きさの測定をする．さらに，コイル対Ⅰに1A，コイル対Ⅱに2Aの電流を流し，このときの磁束密度 B の方向と大きさを測定する．

2.3 測定データの整理

（1）図5は，ホール素子の回転角とホール電圧の関係を図示したものである．それぞれの場合の最大ホール電圧およびそのときの回転角を図から読み取り磁束密度を整理すると，表1のようになる．

表1の測定結果を用いて，磁束密度 B_1，B_2 の合成によって得られる磁束密

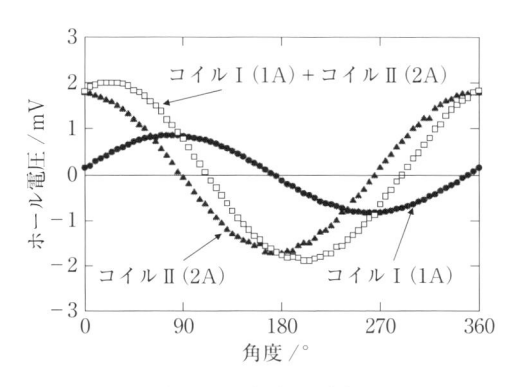

図5 ホール素子の回転角に対するホール電圧

表1 磁場ベクトルの測定結果

	コイル対 I (B_1)	コイル対 II (B_2)	コイル対 I およびコイル対 II (B_1+B_2)
コイル対 I の電流/A	1.0	0	1.0
コイル対 II の電流/A	0	2.0	2.0
ホール電圧/mV	0.84	1.77	1.95
角度（磁束密度の方向）/°	81	355	21
磁束密度の大きさ $B/10^{-2}$ T	3.6	7.5	8.3

度 B_cal を計算で求める．その大きさ B_cal は

$$B_\text{cal}=\sqrt{3.6^2+7.5^2+2\times(3.6\times7.5)\times\cos(81°-(-5°))}\times10^{-2}\text{ T}$$
$$=8.5\times10^{-2}\text{ T}$$

と計算される．表1より，B_1+B_2 の大きさの測定値と一致することがわかる．また図6より，B_cal の角度は20°となり，表1の B_1+B_2 の角度とほぼ一致する．したがって，磁場の重ね合わせの原理が成り立っていることがわかる．

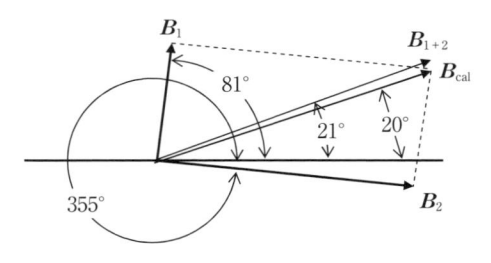

図6 作図による解析

（2） コイル対 I，コイル対 II の両方に2Aの電流を流す場合についても測定し，同様に解析する．

16 電位差計

> **目 的**
> 標準電源を用いて電位差計を校正し,未知起電力の測定を行う.
> この測定を通して,電圧計と電位差計の違いを理解する.

1. 原　理

電圧計と電位差計

電圧計(テスター)を用いれば,電池が発生する電圧を簡単に調べることができる.電圧計に電池を接続すると,電圧計に組み込まれた抵抗(内部抵抗)へ電池の電圧がかかり,その大きさに比例した電流が流れる.電圧計が示す値は,内部抵抗を流れる電流を電圧換算したものであり,内部抵抗で起こる電圧降下と等しい.ところで,電池の性質上,それ自身も内部抵抗を持つため,電圧計に接続して電流が流れると,電池の内部抵抗に由来する電圧降下も同時に起こる.したがって,電圧計の内部抵抗にかかる電圧は,電池で電圧降下が起こるぶん電池本来の起電力(electromotive force, EMF)よりも小さくなることから,電圧計の読みと起電力は一致しない.

式で書くと,電圧計に電池を接続した回路(図1)を流れる電流を I,電圧計の内部抵抗を R,電池の起電力と内部抵抗をそれぞれ E,r とすれば,

$$I = \frac{E}{R+r} \tag{1}$$

となる.このとき,電圧計の読み V は

$$V = IR = E - Ir \tag{2}$$

であり,起電力 E よりも Ir だけ小さくなる.式の上では,I や r を 0 にでき

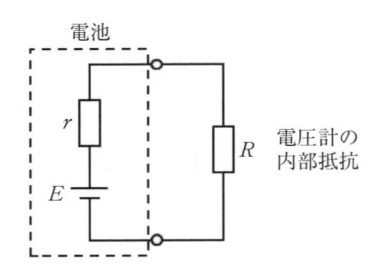

図1 電圧計を電池に接続した回路

れば Ir の項が消え，$V=E$ となるように思えるが，$I=0$ では電圧計が動作せず，また $r=0$ であるような電池を得ることも難しい．現実には，I をできるだけ小さくするため，電圧計は大きな R を持つように作られている．しかしながら $I\neq 0$ である以上 E を求めることはできず，また，使用する電圧計の R の大きさに依存して，V の値にも違いがでてしまう．

それでは，どうすれば電池の起電力 E を測定できるだろう．電池の内部抵抗 r で起こる電圧降下が測定の妨げになっていたことを考えると，電池に電流 I を流さないようにする必要があるが，電圧計を用いた図1の回路ではその状況を実現することはできない．そこで新たに図2の回路を考える．回路は，大きく分けて上下2つの部分で構成されている．下部は，一様な抵抗線 AB，可変抵抗 VR，起電力 E_0 の電源からなる閉回路になっている．起電力を知りた

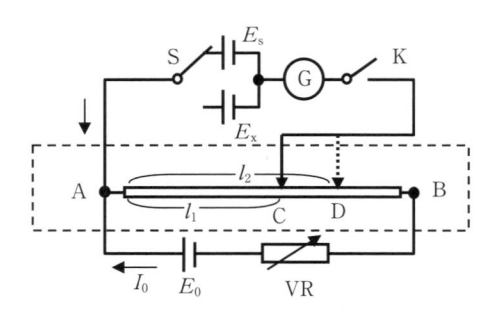

図2 電位差計の原理図

い電池（未知起電力 E_x）は，起電力 E_S が既知の標準電源，切り換えスイッチ S，検流計 G，押しボタンスイッチ K からなる上部の回路に組み込まれる．上部と下部は，抵抗線 AB 上の摺動接点を介して接続されている．

押しボタンスイッチ K を OFF にした状態で，下部の閉回路に流れる電流を I_0 とする．切り換えスイッチ S を E_S に接続し，K を ON にすると上部も閉回路になるが，摺動接点を動かすと検流計 G が示す電流値が変化し，ある位置（C 点）では 0 になる．このときの AC 間の抵抗を R_1 とすると，

$$E_S = I_0 R_1, \quad R_1 = a l_1 \quad (3)$$

が成り立つ．ここで，a は抵抗線 AB における単位長さあたりの抵抗値，l_1 は A 端から C 点までの長さである．同様に，S を E_x に接続して K を ON にする場合にも，検流計 G が 0 を示す摺動接点の位置 D 点が存在する．このときの AD 間の抵抗と長さを R_2，l_2 とすると，

$$E_x = I_0 R_2, \quad R_2 = a l_2 \quad (4)$$

が成り立つ．したがって，(3)，(4)式より

$$E_x = \frac{R_2}{R_1} E_S = \frac{l_2}{l_1} E_S \quad (5)$$

となり，l_1，l_2 の比と E_S から未知起電力 E_x を求めることができる．検流計の読みが 0 なら，起電力を知りたい電池に流れる電流は 0 であり，したがって，測定結果に，電池の内部抵抗による電圧降下の影響が現れることはない．この原理に基づく測定を実際に行えるよう，図 2 の点線で囲んだ部分を装置化したものが電位差計である．

電位差計の使い方

電位差計の内部構造を図 3 の破線内に示す．ダイヤル D_1 部では，同じ値の抵抗が 22 個直列に接続されており，ダイヤル D_1 を回すと，抵抗と抵抗の間の接続部を接点がとびとびに移動する．ダイヤル D_2 は，1 本の抵抗線の上を接点が滑らかに動くようにつくられた摺動抵抗器である．図 2 の抵抗線 AB と摺動接点は，ダイヤル D_1 と D_2 の組み合わせで実現されている．ダイヤル D_1 や D_2 を回して変化するのは抵抗値であるが，目盛には電圧値が記されており，後述する校正を行った電位差計を使用すれば，ダイヤル D_1 と D_2 の読みがそ

136 物理学実験—基礎編—

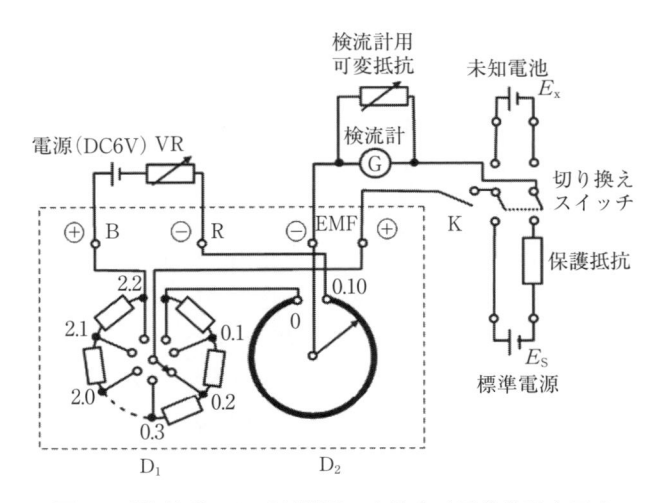

図3 電位差計および配線図，点線内は電位差計を示す

のまま起電力となる．ダイヤル D_1 には，0から2.2Vまで0.1V間隔の目盛が刻まれている．ダイヤル D_2 には，0から0.1Vの間を200等分した目盛が刻まれており，さらに，最小目盛（1目盛）を目分量で5等分すれば，0.0001Vまで読むことができる．したがって D_1 と D_2 を組み合わせると，最大で2.3000Vまでの起電力の測定が可能になる．電位差計を使用するにあたり，ダイヤル D_1，D_2 の読みと実際の起電力の間にずれが生じないよう，電位差計を校正しなければならない．それには起電力がわかっている標準電源をEMF端子に接続し，ダイヤル D_1 と D_2 をその起電力の値に合わせた上で，一定電流 I_0 が流れるようにVRを調節する．

2. 実　　験

2.1 実験課題

標準電源を用いて電位差計を校正し，公称電圧1.5Vの乾電池（未知電池）の起電力を求める．

2.2 実験装置

（1） 次の実験器具がそろっていることを確認する．

直流電位差計，標準電源，検流計（2種類），検流計用可変抵抗，電位差計用可変抵抗，未知電池，切り換えスイッチ，接続用コード一式．

（2） 電位差計用補助電池（起電力 E_0）として，6 V の直流電源を用意する．

（3） 図3に従って配線する．本実験では，精度が異なる2種類の検流計が用意されており，それぞれを使用して以下の測定を行う．

2.3 実験手順

（1） 標準電源の電圧の値を電位差計の目盛に合わせる．たとえば，E_S＝1.01866 V であれば，ダイヤル D_1 を 1.0，ダイヤル D_2 を 0.0187 に合わせる．最後の桁は目測で合わせる．

（2） 検流計用可変抵抗を 700 Ω にセットする．

（3） 切り換えスイッチを標準電源側に倒し，押しボタンスイッチ K を一瞬押して，検流計 G の振れをみる．

（4） K を押し続けても検流計 G の針が振れないように，電位差計用可変抵抗 VR を調整する．

（5） 検流計用可変抵抗の値を順次大きくし，最後には無限大（開放）として，K を押しても検流計 G の針が振れないように，VR を微調整する．

<u>（1）～（5）の操作によって，電位差計の校正が行われたことになる．</u>

（6） 検流計用可変抵抗を再び 700 Ω にセットして，切り換えスイッチを未知電池側に倒す．

（7） 未知電池の起電力の見当がついたら，ダイヤル D_1，D_2 を回して，その値の近くに合わせる．

（8） K を一瞬押して，検流計 G の振れをみる．

（9） K を押し続けても検流計 G が振れないように，D_1，D_2 を調整する．

（10） 検流計用可変抵抗を順次大きくし，最後には無限大として，K を押

しても検流計 G が振れないように，D_1, D_2 を微調整する．

（11） D_1, D_2 の読みが，未知電池の起電力である．

（6）〜（11）の操作では，VR は動かしていないことに注意しなさい．

測定の精度を高めるため，（1）〜（11）を 10 回以上繰り返し，未知電池の起電力を記録する（表 1 を参照）．その際，値が他とは大きく異なるデータについては測定をやり直す．その上で，起電力として最も確からしい値と不確かさの計算を行う．

2.4 測定データの整理

以下に測定例を示す．

表 1　未知電池の起電力の測定例

回数	測定値 x_i/V	残差 δx_i/V	δx_i^2/V^2
1	1.5867	0.52×10^{-3}	0.27×10^{-6}
2	1.5845	-1.68	2.82
3	1.5879	1.72	2.96
4	1.5875	1.32	1.74
5	1.5835	-2.68	7.18
6	1.5875	1.32	1.74
7	1.5865	0.32	0.10
8	1.5867	0.52	0.27
9	1.5865	0.32	0.10
10	1.5845	-1.68	2.82
平均値	1.58618	\multicolumn{2}{l	}{$\sum \delta x_i^2 = 20.00 \times 10^{-6}$ V^2}

$$E_x = \frac{\sum x_i}{n} \pm \sqrt{\frac{\sum \delta x_i^2}{n(n-1)}}$$

$$= 1.58618 \pm \sqrt{\frac{20.00 \times 10^{-6}}{90}} \text{ V}$$

$$= 1.58618 \pm 0.00047 \text{ V}$$

$$E_x = 1.5862 \pm 0.0005 \text{ V}$$

質問1 測定値の有効数字は何桁まで採用すればよいか．また，その理由を考えなさい．

質問2 測定した未知電池の起電力と公称電圧を比較しなさい．

質問3 電位差計を用いて未知の抵抗を測定する方法を考え，その回路図を描きなさい．

17 オシロスコープ

目 的
オシロスコープの原理と基本構成を理解し，波形観察および電気信号の測定を行う．

1. 原 理

アナログオシロスコープの原理と基本構成

オシロスコープは電圧信号の時間変化を表示する装置である．実験で使用する2現象オシロスコープの基本構成を図1に示す．

（1） ブラウン管

図2にブラウン管の構造を示す．カソードと電子レンズおよび加速電極との間に高電圧を加えると，カソードから放出された電子は電場によって加速さ

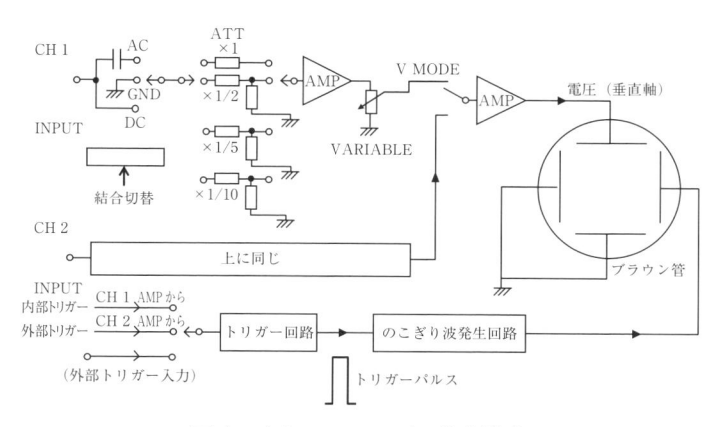

図1 オシロスコープの基本構成

れ，電子レンズと加速電極に向かって進む．電子レンズおよび加速電極の中央には穴があり，そこを通過した電子はビーム状になって，蛍光膜に衝突すると輝点（spot）を生じる．

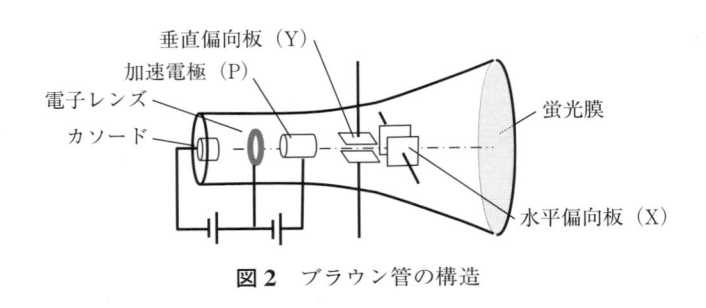

図2　ブラウン管の構造

電子ビームの進行方向は，垂直偏向板（Y）と水平偏向板（X）に電圧を加えることで制御できる．そこで，時間変化する信号を垂直偏向板（Y）に入力するとともに，水平偏向板（X）に一定速度で上昇する電圧を加えると，蛍光膜上には水平軸を時間軸とした信号波形が描かれる．この一定速度で上昇する電圧によって輝点を左から右へ一定速度で移動させることを掃引（sweep）という．

掃引は図3の線分ABで行われる．すなわち，点Aでは輝点が蛍光膜の左端に，点Bでは右端に位置する．輝点が右端まで到達すると，図3のように点B（右端）から点A′（左端）へ戻り，再び点A′（左端）から点B′（右端）へと掃引が繰り返される．図3の波形を，その形から「のこぎり波」と呼ぶ．掃引を行うことによって，垂直偏向板（Y）に入力した信号が図3の掃引時間 t の間にどう変化したかを，蛍光膜上に波形として映し出すことができるが，もし線分ABと線分A′B′で映し出される波形が異なると，それらが重なり合い観察が困難になってしまう．

（2）　同期

観察しようとする信号が同じ波形の繰り返し（例：交流）である場合，それを蛍光膜上で静止させて観察できるようにするには，信号とのこぎり波に一定

図3 のこぎり波

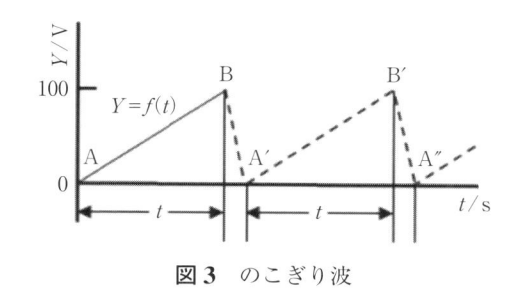

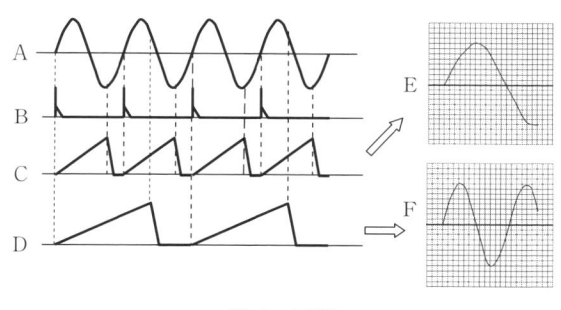

図4 同期

の時間関係をもたせる必要がある．いま図4で，信号をAに示した正弦波とする．Aの信号に対してBのようなパルスを発生させ，さらに，そのBのパルスをトリガー（trigger）にしてCに示したのこぎり波が発生するようにすると，のこぎり波による掃引で映し出される波形は，挿引を繰り返しても同じものになり，結果として図4のEのように静止した波形が表示される．同様に，Dに示したのこぎり波を発生させると，観察される波形はFのようになる．この操作を「同期をとる」という．

2. 実　　験

2.1 実験課題

オシロスコープの操作方法を学び，整流回路の波形観察と電圧測定を行う．

2.2 実験手順

（1） 基本操作—1（CAL 0.3 V を利用して）

①電源コードをコンセントに接続し，POWER を ON にする（実験がすべて終了するまで OFF にしてはならない）．

②つまみを次のようにセットする．

POSITION（3個ある）	中央
V MODE	CH1
SWEEP MODE	AUTO
TIME/DIV	1 ms
SWEEP LENGTH	右回しいっぱい
INTEN	右回しいっぱい

③ FOCUS を調節してトレースを細く鮮明にする．②でセットしたつまみを1つずつ動かしながら回し，画面の変化を観察する．

④つまみを次のレンジに切り替える．

AC-GND-DC（CH 1）	DC
VOLTS/DIV（CH 1）	0.1 V
VARIABLE（CH 1）	CAL
LEVEL	ほぼ中央
COUPLING	AC
SOURCE	CH 1
PUSH-PULL（4個ある）	PUSH

⑤ CH 1 の INPUT にプローブを接続し，CAL 0.3 V の出力信号を加える（CAL の出力信号は 1 kHz の方形波である）．②，④でセットしたつまみを回して画面の変化を観察する．

（2） 基本操作—2（正弦波を利用して）

①備え付けの FUNCTION GENERATOR の OUT PUT をオシロスコープ

のCH1に接続する．GENERATORを調節して，(1)の⑤と同じぐらいの周期，振幅の正弦波を画面に表示する．

②TRIGGER回路のLEVELつまみを回す．またPULLを実行し，画面の変化を観察する．

③①の正弦波の周波数と電圧を測定する．

(3) 基本操作—3（2現象オシロスコープの操作）

①信号源として備え付けの整流回路（図5）を使用する．

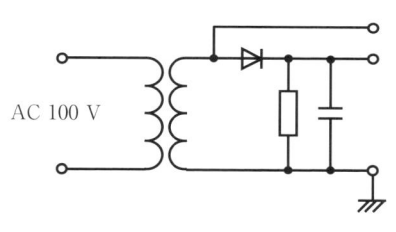

図5 整流回路

②V MODEをDUALに，AC-GND-DCをDCに切り替える．交流電圧をCH2に入力し，同期をとる．波形が画面の下半分の部分に納まるように調節する．

③整流出力（コンデンサーなし）をCH1にDC結合で入力し，画面の上半分の部分に表示する．交流波形および整流波形の電圧，周波数を測定する．また，両波形を透明フィルムに写す．このとき，入力0Vの位置に横線を引き，また縦軸（VOLTS/DIV），横軸（TIME/DIV）もフィルムに書き込んでおくこと．

④入力結合をAC結合に切り替えると，画面はどのように変化するか．③と同様にして波形を写し取る．

⑤DC結合に戻した上で，整流回路にコンデンサーを挿し，③と同じ手順で波形を写し取る．

質問1 基本操作—2の③で，GENERATORで設定した信号の周波数が観

察結果と一致するか確認しなさい．

質問 2　基本操作—3 の③で写し取った波形をグラフ用紙になぞり，交流波形と整流波形の違いを説明しなさい．

質問 3　基本操作—3 の④より，波形を記録し，それをもとに AC 結合について説明しなさい．

質問 4　基本操作—3 の⑤より，整流回路におけるコンデンサーの役割について，コンデンサーの容量の違いがどこに現れるかを中心に考察しなさい．

18 ダイオードとトランジスタの特性

目 的

pn 接合ダイオードと npn トランジスタの電気的特性を測定し，ダイオードの整流作用とトランジスタの増幅作用を理解する．

1. 原 理

　半導体材料の電気的性質を利用すると，様々な特性を持つ素子を作ることができる．本実験で特性を調べるダイオードやトランジスタも，そのようにして誕生した電子素子である．半導体材料としてシリコン（Si：14族の元素）を例にとると，Si だけでできた結晶では，Si 原子が持つ4つの最外殻電子すべてが共有結合に使われているため，ほとんど電流が流れない．その一方で，Si 結晶に15族の元素（リン（P）など）を少量添加すると，5個の最外殻電子を持つ15族原子と Si 原子が結合を形成する際に電子が余り，それが結晶中を動いて電流を運ぶようになる．また，13族の元素（ホウ素（B）など）を添加すると，結合の形成に必要な電子が足りなくなるため，電子の抜け穴に相当する正孔が生成する．正孔はプラスの電荷を持ち，結晶中を移動することができるので，電流の担い手（キャリヤ）となる．電子をキャリヤとする半導体を n 型，正孔をキャリヤとするものを p 型半導体と呼ぶ．

　p 型半導体や n 型半導体に電極を取り付けて電圧を印加すると，キャリヤの移動が起こり電流が流れる．その一方，p 型半導体と n 型半導体の接合構造（pn 接合）に電圧を印加すると，p 型側から n 型側には電流が流れやすい反面，逆向きには電流がほとんど流れないという，整流作用が見られるようになる．この原理に基づいて誕生した整流素子が pn 接合ダイオードである．

pn 接合ダイオードを流れる電流 I と印加電圧 V の関係は，理論的に

$$I = I_\mathrm{s}(e^{\frac{eV}{kT}} - 1) \tag{1}$$

と書けることが知られている．ここで，k はボルツマン定数，T は絶対温度である．I_s は飽和電流と呼ばれ，通常 μA 以下の小さな値をとる．$T=300$ K（室温近傍）のとき，

$e/kT \fallingdotseq 39$ C/J $= 39$ V^{-1} であるので，$V>0$（順方向）では

$$I = I_\mathrm{s} e^{39V} \tag{2}$$

となり，電圧 V が大きくなるにつれ，電流 I は指数関数的に増加する．一方，$V<0$（逆方向）では

$$I \fallingdotseq -I_\mathrm{s} \tag{3}$$

となり，I は飽和電流 I_s に漸近する．

pn 接合ダイオードが整流作用を示すのに対し，npn 接合または pnp 接合を持つトランジスタ（図1参照）では後述する増幅作用が見られる．実際の素子において，npn 接合の中央の p 型領域（pnp 接合では n 型領域）はベース (B)，それを挟む2つの n 型領域（pnp 接合では p 型領域）はそれぞれエミッタ (E)，コレクタ (C) と表記される．

npn トランジスタに配線してエミッタ接地回路（図2）を組み立て，ベース電流 I_B とコレクタ電流 I_C の関係を調べると，両者の比

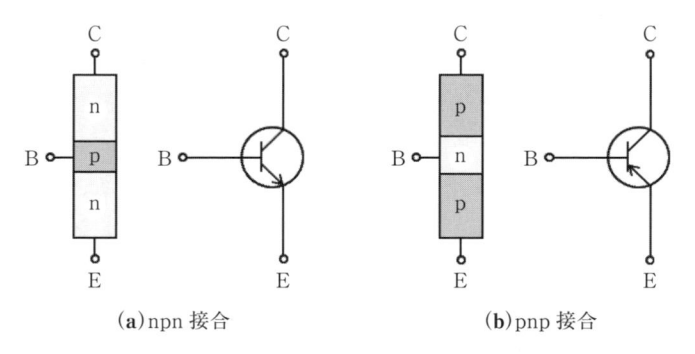

(a) npn 接合　　　　　(b) pnp 接合

図1 トランジスタの構造と電気用図記号

$$\frac{I_\mathrm{C}}{I_\mathrm{B}} = h_\mathrm{FE} \qquad (4)$$

は通常 100 以上の値となる．これは，ベース電流 I_B のわずかな変化がコレクタ電流 I_C の大きな変化となって現れることを意味している．この，あたかも増幅が起こったかのように見える現象が，トランジスタの増幅作用である．h_FE はエミッタ接地電流増幅率と呼ばれている．

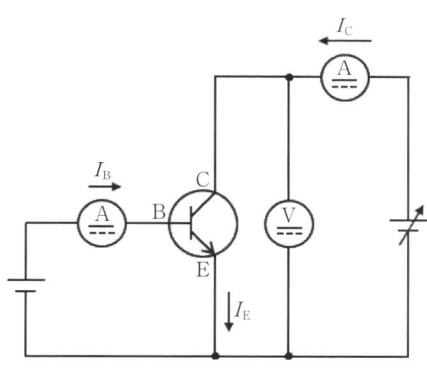

図 2　エミッタ接地回路

2. 実　　験

2.1　実験課題

（1）　発光ダイオード（pn 接合ダイオードの一種）およびテスターを使って，整流作用を定性的に観察する．

（2）　図 2 の回路を用いてもトランジスタの増幅作用を確認することは可能であるが，トランジスタの保護と回路の発振防止の観点から，本実験では図 3 に示す回路を用いて測定を行う．図 2 と図 3 の回路の違いを理解するとともに，npn トランジスタの I_C-V_CE 特性を調べる．

（3）　図 4 に示す回路を用いて，npn トランジスタの I_B-V_BE 特性を調べる．

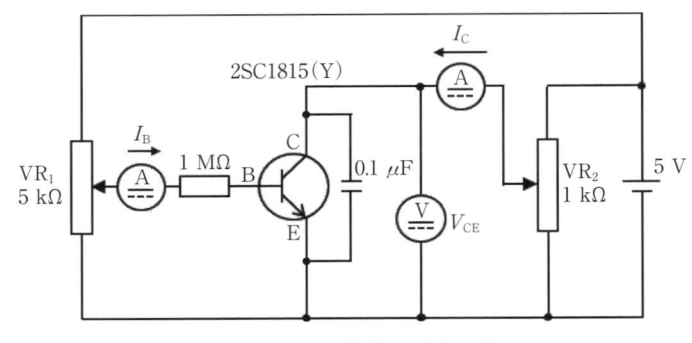

図3 I_C-V_{CE} 特性の測定回路

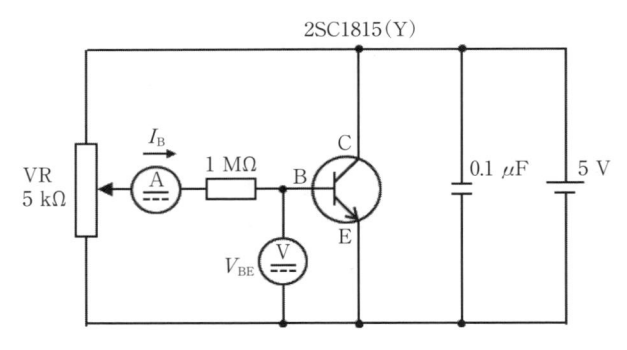

図4 I_B-V_{BE} 特性の測定回路

2.2 実験手順

pn 接合ダイオードの整流作用

(1) テスターの赤(＋)と黒(－)のリード棒を発光ダイオードの2本の金属端子に接触させ，抵抗値を測定するとともに点灯の有無を確認する．2本の金属端子は長さに違いがあり，どの色のリード棒をどちらの端子に接触させるか組み合わせを変えて，抵抗測定と点灯確認を行う．

(2) 電圧調整ができる電源を使って発光ダイオードを点灯させ，電圧を変えると光の強度がどう変わるか観察する．ただし，発光ダイオードに制限以上

の電圧を印加しないよう注意すること．
（3）（1）式に $I_s=0.1\,\mu\mathrm{A}$，$V=-0.7\,\mathrm{V}\sim+0.7\,\mathrm{V}$ まで $0.1\,\mathrm{V}$ 間隔で電圧値を代入し，電流 I を計算する．
（4）（3）の計算結果（I-V 特性）をグラフにプロットする．また，$V>0$ の範囲を片対数グラフにプロットし，（1）式とグラフの特徴を比較する．
（5）発光ダイオードの抵抗値と点灯の有無，ならびに電圧と発光強度の関係について，（4）のグラフを参考にしながら説明する．

npn トランジスタの I_C-V_CE 特性
（1）図3を参考に測定回路を組み立てる．
（2）V_CE を最大（約 $5\,\mathrm{V}$）にする．
（3）I_B を $1\,\mu\mathrm{A}$ に設定する．
（4）図5の測定例にならって，V_CE を下げながら I_C の変化を読み取る．このとき，I_B が一定であることを確認しながら測定する．
（5）I_B を変え（4）の測定を繰り返す．
（6）図5にならって測定結果をグラフにプロットする．
（7）h_FE の値を求める．

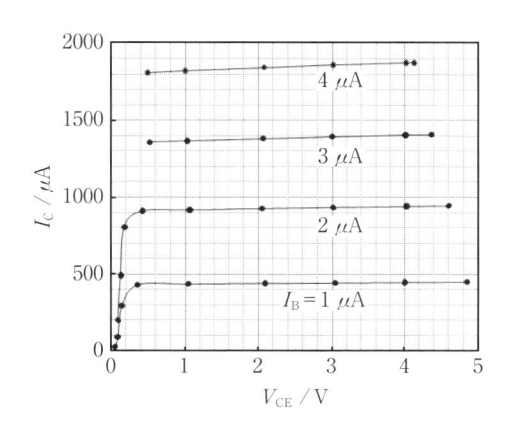

図5 I_C-V_CE 特性の測定例

npn トランジスタの I_B-V_{BE} 特性

（1） 図4を参考に測定回路を組み立てる．
（2） V_{CE} を最大（約 5 V）にする．
（3） 図6の測定例にならって，V_{BE} に対する I_B の変化を読み取る．
（4） 図6にならって測定結果をグラフにプロットする．
（5） （4）のグラフを，先にプロットした pn 接合ダイオードの I-V 特性と比較し，両者の類似性について考察する．

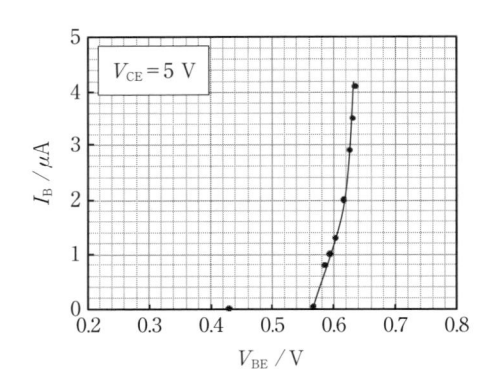

図6 I_B-V_{BE} 特性の測定例

参考

図7に交流増幅回路の例を示す．また，図8に実験で求めた I_C-V_{CE} 特性および I_B-V_{BE} 特性と交流増幅作用の関係を示す．増幅回路の入力電圧と出力電圧の関連に注意しなさい．

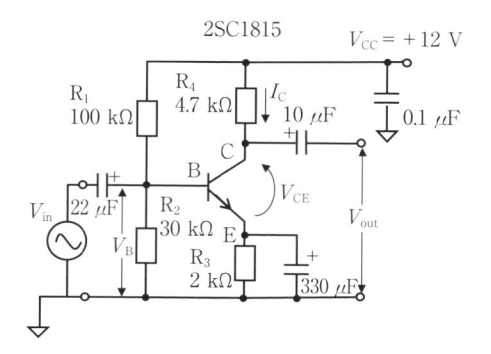

18 ダイオードとトランジスタの特性 **153**

図7 交流増幅回路の例

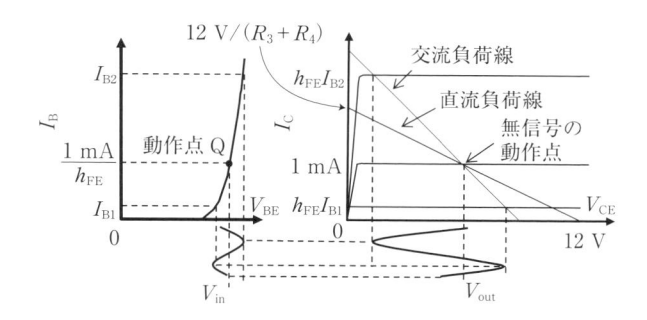

図8 トランジスタ特性と入力,出力の関係

19 パソコンによるデータ解析
（ヤング率測定データの解析）

目 的

パソコンを用いれば実験データの解析を効率よく行うことが可能である．ここでは「実験3．たわみによるヤング率の測定」のデータ解析を，グラフの傾きを求める代わりにパソコンを用いて最小二乗法によって行い，ヤング率を求める．

1. 原 理

「実験3．たわみによるヤング率の測定」では，荷重を $W_1, W_2, W_3, \cdots$ と増やしながらそのときの目盛の値 $x_1, x_2, x_3, \cdots$ を求めた．これを W_i に対してグラフにプロットし，傾きからヤング率を得た．

ここでは W_i と x_i の関係の直線の傾きを最小二乗法で求め，ヤング率の値を求めることにする．

データ $(W_i, x_i, \Delta x_i)(i=1, 2, 3, \cdots, N)$ は直線

$$x = \alpha W + \beta$$

で表わされると期待される．Δx_i は x_i の不確かさである．

最小二乗法の計算の方法については「量と単位　不確かさとその処理法」の「5. 間接測定における最小二乗法」に詳しく書かれているが，ここでは重み付き最小二乗法と得られる各パラメータの不確かさについて述べる．

重み付き最小二乗法では

$$\chi^2 = \sum_i^N \frac{[x_i - (\alpha W_i + \beta)]^2}{\Delta x_i^2}$$

を最小にするパラメータ α および β を求める．そのためには連立方程式

を解けばよい.

$$\begin{cases} \dfrac{\partial \chi^2}{\partial \alpha}=0 \\ \dfrac{\partial \chi^2}{\partial \beta}=0 \end{cases}$$

を解けばよい. α と β が線形に入っているため2元1次連立方程式となり, 行列計算によって α と β を求めることが可能である. すなわち

$$A=\begin{pmatrix} \sum_{i=1}^{N}\dfrac{W_i^2}{\Delta x_i^2} & \sum_{i=1}^{N}\dfrac{W_i}{\Delta x_i^2} \\ \sum_{i=1}^{N}\dfrac{W_i}{\Delta x_i^2} & \sum_{i=1}^{N}\dfrac{1}{\Delta x_i^2} \end{pmatrix}$$

と置けば

$$A\begin{pmatrix} \alpha \\ \beta \end{pmatrix}=\begin{pmatrix} \sum_{i=1}^{N}\dfrac{W_i x_i}{\Delta x_i^2} \\ \sum_{i=1}^{N}\dfrac{x_i}{\Delta x_i^2} \end{pmatrix}$$

が成り立つから, $\det A \neq 0$ のときは

$$\begin{pmatrix} \alpha \\ \beta \end{pmatrix}=A^{-1}\begin{pmatrix} \sum_{i=1}^{N}\dfrac{W_i x_i}{\Delta x_i^2} \\ \sum_{i=1}^{N}\dfrac{x_i}{\Delta x_i^2} \end{pmatrix}$$

となる.

$$D=\sum_{i=1}^{N}\dfrac{W_i^2}{\Delta x_i^2}\sum_{i=1}^{N}\dfrac{1}{\Delta x_i^2}-\left(\sum_{i=1}^{N}\dfrac{W_i}{\Delta x_i^2}\right)^2$$

とおくと

$$\alpha=\dfrac{\sum_{i=1}^{N}\dfrac{1}{\Delta x_i^2}\sum_{i=1}^{N}\dfrac{W_i x_i}{\Delta x_i^2}-\sum_{i=1}^{N}\dfrac{W_i}{\Delta x_i^2}\sum_{i=1}^{N}\dfrac{x_i}{\Delta x_i^2}}{D},$$

$$\beta=\dfrac{\sum_{i=1}^{N}\dfrac{W_i^2}{\Delta x_i^2}\sum_{i=1}^{N}\dfrac{x_i}{\Delta x_i^2}-\sum_{i=1}^{N}\dfrac{W_i}{\Delta x_i^2}\sum_{i=1}^{N}\dfrac{W_i x_i}{\Delta x_i^2}}{D}$$

である. また α および β の不確かさを $\Delta\alpha$, $\Delta\beta$ とすると

$$\Delta\alpha=\sqrt{\sum_{i=1}^{N}\left[\Delta x_i^2\left(\dfrac{\partial\alpha}{\partial x_i}\right)^2\right]}=\sqrt{\dfrac{1}{D^2}\sum_{i=1}^{N}\dfrac{1}{\Delta x_i^2}\left[W_i\sum_{j=1}^{N}\dfrac{1}{\Delta x_j^2}-\sum_{j=1}^{N}\dfrac{W_j}{\Delta x_j^2}\right]^2}$$

$$\Delta\beta = \sqrt{\sum_{i=1}^{N}\left[\Delta x_i^2\left(\frac{\partial \beta}{\partial x_i}\right)^2\right]} = \sqrt{\frac{1}{D^2}\sum_{i=1}^{N}\frac{1}{\Delta x_i^2}\left[\sum_{j=1}^{N}\frac{W_j^2}{\Delta x_j^2} - W_i\sum_{j=1}^{N}\frac{W_j}{\Delta x_j^2}\right]^2}$$

となる．

2. プログラムの作成と実行

2.1 プログラムの作成

　α，β およびこれらの不確かさ $\Delta\alpha$，$\Delta\beta$ を求めるプログラムの例を**最小二乗法のプログラム**に示す．プログラム言語は，FreeBASICである．**メモ帳**を用いてこのプログラムを打ち込み保存せよ．プログラムのステートメントについては，本章最後の「3. プログラムの説明」を参考にせよ．ファイル名には"YoungModulus.bas"のように，最後に".bas"をつけること．

　その後に，このプログラムをコンパイルする．「スタート」をクリックし「すべてのプログラム」から「Free BASIC」を選択し，さらに「Free BASIC」をクリックせよ．すると DOS 窓が開かれるので

"fbc-lang qb YoungModulus.bas"

と入力せよ．何もコメントが表示されない場合は，コンパイル完了である．コメントが表示されたときはプログラムに間違いがあることを意味するので，メモ帳を開いてプログラムを修正せよ．

2.2 データファイルの作成

　メモ帳を用いて，データを**データの例**のように入力して保存せよ．ファイル名は "YoungData.dat" とすること．プログラム内に書かれたファイル名と一致することを確かめよ．

2.3 プログラムの起動

　プログラムを起動し α，β およびこれらの不確かさ $\Delta\alpha$，$\Delta\beta$ を求めよ．結果を

$$\alpha = 7.86 \pm 0.02 \text{ mm/N}, \quad \beta = 0.00 \pm 0.08 \text{ mm}$$

のように記録せよ．不確かさは1桁書けば十分であれる．またフィッティングの良さを表す指標となる χ^2/ν も計算されるので，それも

$$\chi^2/\nu = 0.91$$

のように記録する．ν はデータ数から未知のパラメータ数を差し引いた値（ここでは $N-2$）であり，χ^2/ν の値は1程度になるはずである．

この計算結果を用いてヤング率を求め，「実験3．たわみによるヤング率の測定」でグラフの傾きから求めた値と比較せよ．

3. プログラムの説明

プログラムは，規則にしたがって書かれたステートメントを組み合わせて一連の計算などを行わせるものである．正しく記述しなければ思いどおりには動かないので，正確に打ち込むこと．キーボードは英語モードに切り替えて打ち込め．

主なステートメントの説明を以下に記す．

1行目　'Least Square Fitting

　　　　'で始まる行はコメント行で，プログラム中にメモを書くことができる．プログラムは行を詰め過ぎると読みにくくなるので，コメント行を適当に挿入せよ．

6行目　DEFDBL a-z

　　　　aからzまでのアルファベットで始まる文字変数が倍精度浮動小数点変数型であることを宣言する．倍精度浮動小数点変数型とは，16桁の精度を持つ実数である．倍精度浮動小数実数型以外に，必要に応じて，精度浮動小数点変数型，整数変数，文字列変数型などを用いることがきる．

8行目　dim W(100), X(100), DX(100)

　　　　変数 W, X, DX を，それぞれ W(0)，X(0), DX(0) から W(100)，X(100), DX(100) までの配列として定義する．

10行目　N = 0

19 パソコンによるデータ解析（ヤング率測定データの解析） *159*

変数 N に数値 0 を代入する．＝は単なる等号ではなく，変数に数値を入することを意味する．

12 行目　open "YoungData. dat" for input as #1
YoungData. dat を #1 に番号付けを行う．18 行目の close (1) で #1 のファイルを閉じる．

13 行目　line input #1, comment$
#1 のファイルを 1 行まるごと読み込んで変数 comment$ に入力する．comment$ の $ は変数 comment$ が文字変数であることを意味する．

14 行目　do　および　17 行目　loop until eof(1)
これら 2 つの行で挟まれたステートメントを 17 行目の条件 eof(1)（ファイル #1 を最後まで読み込んだことを表す）を満たすまで繰り返す．

15 行目　N = N + 1
N に N + 1 を代入する．+ は足し算を表す．同様に − は引き算を，* は掛け算を，/ は割り算を表す．

20 行目　print "Number of data ="; NDAT
パソコンの画面に「Number of data」の文字列と，それに引き続いて NDAT の値を表示させる．

32 行目　for N = 1 to NDAT　および　38 行目　next N
N に 1 を代入してからこれら 2 つの行で挟まれたステートメントを行い，次に N に 2 を代入してから同様にステートメントを行う．これを，N が NDAT になるまで繰り返し行う．

33 行目　SUM0 = SUM0 + 1.0D0/DX(N)^2
SUM0 に SUM0 + 1.0D0/DX(N)^2 を代入する．^ は累乗を表す演算するステートメントである．すなわち，DX(N)^2 は DX(N) を 2 乗することを意味する．

48 行目　SQR()
SQR() は ( ) 内の変数の平方根を表す関数である．

160　物理学実験—基礎編—

60行目　end
　　　プログラムの終わりであることを意味する.

```
'Least Square Fitting
'
'Data (W, X, dX)
'NDAT : number of data
'
DEFDBL a-z
'
dim W(100), X(100), DX(100)
'
N = 0
'
open "YoungData.dat" for input as #1
line input #1, comment$
        do
                N = N + 1
                input #1, W(N), X(N), DX(N)
        loop until eof(1)
close(1)
NDAT = N
print "Number of data ="; NDAT
'
SUM0 = 0D0
SUMW = 0D0
SUMW2 = 0D0
SUMX = 0D0
SUMX2 = 0D0
SUMWX = 0D0
SUMDALPHA2 = 0D0
SUMDBETA2 = 0D0
```

```
KAI2 = 0D0
'
for N = 1 to NDAT
        SUM0 = SUM0 + 1.0D0/DX(N)^2
        SUMW = SUMW + W(N)/DX(N)^2
        SUMW2 = SUMW2 + W(N)^2/DX(N)^2
        SUMX = SUMX + X(N)/DX(N)^2
        SUMWX = SUMWX + W(N)＊X(N)/DX(N)^2
next N
'
DENOMI = SUMW2＊SUM0-SUMW^2
ALPHA =(SUM0＊SUMWX-SUMW＊SUMX)/DENOMI
BETA =(SUMW2＊SUMX-SUMW＊SUMWX)/DENOMI
'
for N = 1 to NDAT
    SUMDALPHA2 = SUMDALPHA2 +(W(N)＊SUM0-SUMW)^2/DX(N)^2
     SUMDBETA2 = SUMDBETA2 +(SUMW2-W(N)＊SUMW)^2/DX(N)^2
next N
DALPHA = SQR(SUMDALPHA2/DENOMI^2)
DBETA = SQR(SUMDBETA2/DENOMI^2)
'
for N = 1 to NDAT
KAI2 = KAI2 +(ALPHA＊W(N)+ BETA-X(N))^2/DX(N)^2
next N
RKAI2 = KAI2/(NDAT-2D0)
'
print "alpha =" ; ALPHA ; " +/－" ; DALPHA ; " mm/N"
print "beta =" ; BETA ; " +/－" ; DBETA ; " mm"
print " kai^2/nu =" ; RKAI2
stop
end
```

最小二乗法のプログラム

W_i/N	x_i/mm	Δx/mm	W_i/N	x_i/mm	Δx/mm
0	0.02	0.2	8.820	69.17	0.3
0.980	7.61	0.2	7.840	61.20	0.3
1.960	15.44	0.2	6.860	53.25	0.3
2.940	23.25	0.2	5.880	46.49	0.3
3.920	30.80	0.2	4.900	38.28	0.3
4.900	38.33	0.3	3.920	31.21	0.2
5.880	46.25	0.3	2.940	23.31	0.2
6.860	54.18	0.3	1.960	15.30	0.2
7.840	61.65	0.3	0.980	7.49	0.2
8.820	69.41	0.3	0	-0.04	0.2
9.800	77.18	0.3			

データの例

索　　引

あ
圧縮応力……………………………… 33
アッベ型……………………………… 113

え
液柱…………………………………… 67
Sb-Cs 真空型光電管 ………………… 103
n 型半導体…………………………… 147
npn 接合……………………………… 148
エミッタ接地回路…………………… 149
エミッタ接地電流増幅率…………… 149

お
黄銅のヤング率……………………… 29
オートコリメーション……………… 113
オシロスコープ……………………… 141

か
回折格子……………………………… 99
ガウスの誤差論……………………… 4
確率曲線……………………………… 5
重ね合わせの原理…………………… 127
カソード……………………………… 141
加速電極……………………………… 141
片持ちばり…………………………… 35
カロリー……………………………77,80
慣性モーメント……………………… 19

き
輝線スペクトル……………………… 98
気体中の音速………………………… 56
気柱共鳴……………………………… 54

き（続）
起電力………………………………… 133
逆変温度……………………………… 89
鏡像の原理…………………………… 124
金属製直尺…………………………… 38

く
偶力…………………………………… 33
屈折角………………………………… 109
屈折の法則…………………………… 109
屈折率………………………………… 109
クントの実験………………………… 53

け
限界振動数…………………………… 102
減衰振動……………………………… 60

こ
光学てこ……………………………… 32
合成不確かさ………………………… 9
鋼製巻尺……………………………… 38
剛性率……………………………… 42,43
光電効果……………………………… 101
光電子………………………………… 101
交流増幅回路………………………… 152
誤差…………………………………… 4
　　　──曲線………………………… 4
コリメータ…………………………… 112
コレクタ電流………………………… 148
混合法………………………………… 73
コンパイル…………………………… 157

さ

サールの装置 …………………………… 26
最確値 …………………………………… 4
最小二乗法 ………………………… 10, 155
　　――のプログラム …………………… 157
最小振れ角 ……………………………… 110
残差 ……………………………………… 7

し

仕事関数 ………………………………… 102
磁場 ……………………………………… 127
重力加速度 …………………………… 17, 25
重力定数 ………………………………… 17
種々の金属の熱電図 …………………… 90
磁力線 …………………………………… 127

す

水銀およびナトリウムの可視部のスペ
　　クトル ……………………………… 98
水銀の可視部のスペクトル ………… 117
水素原子モデル ………………………… 93
水熱量計 ………………………………… 78
ずれ応力 …………………………… 41, 42
ずれ弾性率 ……………………………… 49
ずれ変形 ………………………………… 41

せ

精度定数 ………………………………… 5
ゼーベック効果 ………………………… 85
前期量子論 ……………………………… 93
せん断応力 ……………………………… 41
せん断変形 ……………………………… 41
線膨張係数 ……………………………… 13

そ

掃引 ……………………………………… 142

相対不確かさ ……………………… 10, 37
阻止電圧 ………………………………… 103

た

ダイオード ……………………………… 147
対数減衰率 ……………………………… 57
単位 ……………………………………… 3
断面二次モーメント …………………… 34

ち

地球の質量 ……………………………… 17
地球の半径 ……………………………… 17

て

定常波 …………………………………… 53
電圧計 …………………………………… 133
電位差計 ………………………………… 135
電気力線 ………………………………… 124
電子レンズ ……………………………… 141

と

等電位線 ………………………………… 123
等電位面 ………………………………… 121
トランジスタ …………………………… 147
トリガー ………………………………… 143

な

内部抵抗 ………………………………… 133

に

入射角 …………………………………… 109

ね

ねじれ振動法 …………………………… 43
熱起電力 …………………………… 85, 87
熱電逆変 ………………………………… 89

熱電図	89
熱電対	85
熱の仕事当量	77, 79
熱平衡状態	73
熱容量	73
熱量	77
粘性率	57

の

ノギス	39
のこぎり波	142

は

倍精度浮動小数点変数型	158
パッシェン系列	94
波動方程式	52
ハルトマンの分散公式	119
バルマー系列	93

ひ

pn 接合ダイオード	147
pnp 接合	148
p 型半導体	147
光の回折	99
光の光量子(光子)説	102
引張応力	25, 33
比熱	73
標準偏差	6
表面張力	65

ふ

不確かさ	4, 8
合成――	9
相対――	10, 37
――の伝播	9
フックの法則	25, 41

物理量	3
ブラウン管	141
フラウンホーファー線	100
ブラケット系列	94
プランク定数	103
プリズム	109
――台	112
プント系列	94

へ

ベース電流	148

ほ

ホール効果	129
ホール素子	129
ホール電圧	130
ボルダの振り子	17, 20

ま

マイクロメータ	39
曲げ変形	33

み

水当量	79

や

ヤング率	25, 26, 31, 53
黄銅の――	29

ゆ

ユーイングの方法	33

よ

ヨリーのばね秤	67

ら
ライマン系列……………………… 94

り
リュードベリ定数………………… 93

ろ
ローレンツ力……………………… 129

	2009 年 3 月 31 日　第 1 版発行
	2021 年 3 月 31 日　改訂版発行

編者の了解により検印を省略いたします

改訂版
物理学実験—基礎編—

編　者　ⓒ　東京理科大学理学部　第二部物理学教室

発行者　内田　　学

印刷者　馬場　信幸

発行所　株式会社　内田老鶴圃　〒112-0012 東京都文京区大塚 3 丁目 34-3
電話（03）3945-6781（代）・FAX（03）3945-6782
http://www.rokakuho.co.jp/　　　　　　　　印刷・製本/三美印刷 K.K.

Published by UCHIDA ROKAKUHO PUBLISHING CO., LTD.
3-34-3 Otsuka, Bunkyo-ku, Tokyo 112-0012, Japan

U. R. No. 573-2

ISBN 978-4-7536-2032-6 C3042

SI 組立単位 (1)

基本単位と補助単位の乗除で表される組立単位のうち，固有の名称をもつ SI 組立単位.

量	単 位	単位記号	他のSI単位による表し方	SI 基本単位による表し方
周波数	ヘルツ (hertz)	Hz		s^{-1}
力	ニュートン (newton)	N	J/m	$m\,kg\,s^{-2}$
圧力, 応力	パスカル (pascal)	Pa	N/m^2	$m^{-1}\,kg\,s^{-2}$
エネルギー, 仕事, 熱量	ジュール (joule)	J	N m	$m^{-2}\,kg\,s^{-2}$
仕事率, 電力	ワット (watt)	W	J/s	$m^2\,kg\,s^{-3}$
電気量, 電荷	クーロン (coulomb)	C	A s	s A
電圧, 電位	ボルト (volt)	V	J/C	$m^2\,kg\,s^{-3}\,A^{-1}$
静電容量	ファラド (farad)	F	C/V	$m^{-2}\,kg^{-1}\,s^4\,A^2$
電気抵抗	オーム (ohm)	Ω	V/A	$m^2\,kg\,s^{-3}\,A^{-2}$
コンダクタンス	ジーメンス (siemens)	S	A/V	$m^{-2}\,kg^{-1}\,s^3\,A^2$
磁束	ウェーバー (weber)	Wb	V s	$m^2\,kg\,s^{-2}\,A^{-1}$
磁束密度	テスラ (tesla)	T	Wb/m^2	$kg\,s^{-2}\,A^{-1}$
インダクタンス	ヘンリー (henry)	H	Wb/A	$m^2\,kg\,s^{-2}\,A^{-2}$

SI 組立単位 (2)

量	単 位	単位記号	SI 基本単位による表し方
面積	平方メートル	m^2	
体積	立方メートル	m^3	
密度	キログラム/立方メートル	kg/m^3	
速度, 速さ	メートル/秒	m/s	
加速度	メートル/(秒)^2	m/s^2	
角速度	ラジアン/秒	rad/s	
力のモーメント	ニュートン・メートル	N m	$m^2\,kg\,s^{-2}$
電界の強さ	ボルト/メートル	V m	$m\,kg\,s^{-3}\,A^{-1}$
電束密度, 電気変位	クーロン/平方メートル	C/m^2	$m^{-2}\,s\,A$
誘電率	ファラド/メートル	F/m	$m^{-3}\,kg^{-1}\,s^4\,A^2$
電流密度	アンペア/平方メートル	A/m^2	
電界の強さ	アンペア/メートル	A/m	
透磁率	ヘンリー/メートル	H/m	$m\,kg\,s^{-2}\,A^{-2}$
起磁力, 磁位差	アンペア	A	

単位の 10 の整数乗倍の接頭語

名称	記号	大きさ	名称	記号	大きさ
エクサ (exa)	E	10^{18}	デシ (deci)	d	10^{-1}
ペタ (peta)	P	10^{15}	センチ (centi)	c	10^{-2}
テラ (tera)	T	10^{12}	ミリ (milli)	m	10^{-3}
ギガ (giga)	G	10^{9}	マイクロ (micro)	μ	10^{-6}
メガ (mega)	M	10^{6}	ナノ (nano)	n	10^{-9}
キロ (kilo)	k	10^{3}	ピコ (pico)	p	10^{-12}
ヘクト (hecto)	h	10^{2}	フェムト (femto)	f	10^{-15}
デカ (deca)	da	10	アト (atto)	a	10^{-18}

注 合成した接頭語は用いない．質量の単位の 10 の整数乗倍の名称は"グラム"に接頭語をつけて構成する

主な基本的定数

量	記号	値
アボガドロ数	N_A	$6.022\,140\,76 \times 10^{23}$ mol^{-1}
気体定数	R	$8.314\,510(70)$ J/K mol
真空中の光速	c	$2.997\,924\,58 \times 10^{8}$ m/s
真空中の透磁率	μ_0	$4\pi \times 10^{-7}$ N/A^2
真空の誘電率	$\varepsilon_0 = 1/\mu_0 c^2$	$8.854\,187\,817 \times 10^{-12}$ C^2/N m^2
素電荷	e	$1.602\,176\,634 \times 10^{-19}$ C
電子の質量	m_e	$9.109\,389\,7(54) \times 10^{-31}$ kg
電子ボルト	eV	$1.602\,177\,33(49) \times 10^{-19}$ J
万有引力定数	G	$6.672\,59(85) \times 10^{-11}$ N m^2/kg^2
リュードベリ定数	R_∞	$1.097\,373\,16 \times 10^{7}$ m^{-1}
プランク定数	h	$6.626\,070\,15 \times 10^{-34}$ J s
ボルツマン定数	k	$1.380\,649 \times 10^{-23}$ J/K
ボーア半径	a_0	$5.291\,772\,09 \times 10^{-11}$ m
陽子の質量	m_p	$1.672\,621\,64 \times 10^{-27}$ kg
中性子の質量	m_n	$1.674\,927\,21 \times 10^{-27}$ kg